Vijay Kataria

A sala de aula inteligente: Explorando o papel da IA na educação

Vijay Kataria

A sala de aula inteligente: Explorando o papel da IA na educação

ScienciaScripts

Imprint

Any brand names and product names mentioned in this book are subject to trademark, brand or patent protection and are trademarks or registered trademarks of their respective holders. The use of brand names, product names, common names, trade names, product descriptions etc. even without a particular marking in this work is in no way to be construed to mean that such names may be regarded as unrestricted in respect of trademark and brand protection legislation and could thus be used by anyone.

Cover image: www.ingimage.com

This book is a translation from the original published under ISBN 978-620-7-65183-2.

Publisher:
Sciencia Scripts
is a trademark of
Dodo Books Indian Ocean Ltd. and OmniScriptum S.R.L publishing group

120 High Road, East Finchley, London, N2 9ED, United Kingdom
Str. Armeneasca 28/1, office 1, Chisinau MD-2012, Republic of Moldova, Europe
Printed at: see last page
ISBN: 978-620-7-73899-1

A sala de aula inteligente: Explorando o papel da IA na educação

Por

Sr. Vijay Kataria

ABES(IT), Ghaziabad, Uttar Pradesh, Índia

PREFÁCIO

A Sala de Aula Inteligente: Exploring AI's Role in Education leva os leitores numa viagem para desvendar o potencial transformador da inteligência artificial (IA) na remodelação do panorama da educação. Enquanto educadores, investigadores, decisores políticos e aprendentes ao longo da vida, encontramo-nos num momento crucial da história, em que os avanços tecnológicos estão a revolucionar todos os aspectos das nossas vidas, incluindo a forma como ensinamos e aprendemos. O conceito de sala de aula inteligente representa uma mudança de paradigma na educação, em que os métodos de ensino tradicionais são aumentados e melhorados por tecnologias de IA para criar ambientes de aprendizagem personalizados, adaptáveis e inclusivos. Este livro serve como uma exploração abrangente do papel da IA na educação, oferecendo ideias, perspectivas e estratégias práticas para aproveitar o poder da IA para desbloquear todo o potencial de cada aluno. Examinamos os princípios e as práticas da aprendizagem personalizada, dos tutores de IA, da criação de conteúdos inteligentes e da gestão da sala de aula, lançando luz sobre as oportunidades e os desafios que acompanham a integração da IA nos contextos educativos. Além disso, confrontamo-nos com considerações éticas e preocupações com a privacidade dos dados, reconhecendo a importância de defender os princípios éticos e de promover a inclusão na conceção e implementação de salas de aula inteligentes. Prevemos um futuro em que a IA capacita tanto os educadores como os alunos, promovendo a colaboração, a criatividade e as competências de pensamento crítico essenciais para o sucesso na era digital.

Sr. Vijay Kataria

CONTEÚDO

CAPÍTULO 1

Introdução à Sala de Aula Inteligente

Ashwani Kumar

Escola de Engenharia e Tecnologia

K. R. Mangalam University, Gurugram, Haryana, Índia

Neeraj Kumar

Escola de Engenharia

ABES(IT), Ghaziabad, Uttar Pradesh, Índia

Introdução

A sala de aula inteligente representa uma evolução significativa no panorama educativo, incorporando tecnologias avançadas como a inteligência artificial (IA) para criar ambientes de aprendizagem dinâmicos, adaptáveis e altamente personalizados. Este conceito prevê uma sala de aula onde a tecnologia é perfeitamente integrada para melhorar a experiência de ensino e aprendizagem, fornecendo ferramentas que apoiam os educadores e capacitam os alunos.

Definindo a sala de aula inteligente

Na sua essência, uma sala de aula inteligente utiliza a IA e outras tecnologias de ponta para transformar as práticas educativas tradicionais. Utiliza uma combinação de análise de dados, aprendizagem automática e mecanismos de feedback em tempo real para criar um ambiente de aprendizagem adaptado às necessidades e capacidades de cada aluno. Esta personalização estende-se aos métodos de ensino, à entrega de conteúdos e às técnicas de avaliação, garantindo que cada aluno recebe o apoio de que necessita para ter sucesso.

Componentes-chave da sala de aula inteligente

A sala de aula inteligente é definida por vários componentes-chave:

Sistemas de aprendizagem adaptativa: Estes sistemas utilizam algoritmos de IA para analisar o desempenho dos alunos e ajustar os conteúdos de ensino em conformidade. Isto garante que cada aluno progride ao seu próprio ritmo, recebendo apoio adicional ou desafios avançados conforme necessário.

Tutores e assistentes de IA: As salas de aula inteligentes incluem frequentemente tutores e assistentes de aprendizagem baseados em IA que fornecem orientação e feedback personalizados. Estes assistentes virtuais podem ajudar os alunos a compreender conceitos complexos, a praticar competências e a manterem-se envolvidos com o seu material de aprendizagem.

Análise de dados: Os dados desempenham um papel crucial na sala de aula inteligente. Ao recolher e analisar dados sobre o desempenho dos alunos, a assiduidade, o envolvimento e muito mais, os educadores podem tomar decisões informadas sobre estratégias de ensino e intervenções. Esta abordagem baseada em dados ajuda a identificar precocemente os alunos em risco e a adaptar o apoio às suas necessidades.

Tecnologias interactivas e imersivas: Tecnologias como a realidade virtual (RV), a realidade aumentada (RA) e os quadros interactivos criam experiências de aprendizagem imersivas que podem melhorar a participação e a compreensão dos alunos. Estas ferramentas permitem aos alunos explorar conceitos de uma forma prática e interactiva.

Tarefas administrativas automatizadas: A IA pode simplificar muitas tarefas administrativas, libertando tempo para os educadores se concentrarem no ensino. Por exemplo, a IA pode automatizar as classificações, controlar a assiduidade dos alunos e gerir os horários, reduzindo a carga administrativa dos professores.

Benefícios da Sala de Aula Inteligente

A sala de aula inteligente oferece inúmeras vantagens tanto para os alunos como para os educadores:

Aprendizagem personalizada: Ao adaptar a instrução às necessidades individuais de cada aluno, as salas de aula inteligentes ajudam a garantir que todos os alunos podem atingir o seu potencial máximo. Os percursos de aprendizagem personalizados permitem que os alunos progridam ao seu próprio ritmo, com conteúdos e avaliações que correspondem às suas capacidades e estilos de aprendizagem.

Maior envolvimento: As tecnologias interactivas e imersivas tornam a aprendizagem mais cativante e agradável para os alunos. Ao incorporar elementos de gamificação e aprendizagem prática, as salas de aula inteligentes podem motivar os alunos e fomentar o gosto pela aprendizagem.

Resultados melhorados: A abordagem baseada em dados da sala de aula inteligente permite que os educadores identifiquem e resolvam as lacunas de aprendizagem de forma mais eficaz. A intervenção precoce e o apoio direcionado podem ajudar a melhorar os resultados dos alunos, reduzindo as taxas de abandono escolar e aumentando os resultados académicos.

Eficiência para os educadores: A automatização das tarefas administrativas e os sistemas de feedback em tempo real permitem que os educadores se concentrem mais na instrução e menos na papelada. Esta maior eficiência pode levar a um melhor planeamento das aulas, a interacções mais significativas com os alunos e a uma melhoria geral da eficácia do ensino.

Inclusão e acessibilidade: As salas de aula inteligentes podem ser concebidas para apoiar diversos alunos, incluindo os que têm necessidades especiais. As tecnologias adaptativas e os planos de aprendizagem personalizados garantem que todos os alunos têm acesso aos recursos e ao apoio de que necessitam para serem bem sucedidos.

Desafios e considerações

Embora a sala de aula inteligente ofereça muitas vantagens, também apresenta vários desafios e considerações:

Privacidade e segurança: A utilização da análise de dados e da IA na educação levanta questões importantes sobre a privacidade e a segurança dos dados. As escolas devem implementar políticas e tecnologias robustas para proteger os dados dos alunos e garantir a conformidade com os regulamentos de privacidade.

Equidade e acesso: É fundamental garantir que todos os alunos tenham acesso a tecnologias inteligentes na sala de aula. Isto inclui abordar as disparidades no acesso à tecnologia e prestar apoio às escolas em comunidades carenciadas.

Formação e apoio aos professores: Os educadores precisam de formação adequada e de desenvolvimento profissional contínuo para utilizarem eficazmente a IA e outras tecnologias avançadas na sala de aula. As escolas devem investir em programas de formação de professores para garantir que os educadores se sintam confortáveis e proficientes com estas ferramentas.

Considerações éticas: A integração da IA na educação traz considerações éticas, como a parcialidade dos algoritmos de IA e o impacto da IA nas experiências de aprendizagem dos alunos. As escolas devem estar atentas à abordagem destas questões éticas e garantir que a IA é utilizada de forma responsável.

Custo e implementação: O custo inicial da implementação de tecnologias inteligentes na sala de aula pode ser significativo. As escolas devem planear e orçamentar cuidadosamente estes investimentos, tendo em conta tanto os custos iniciais como a manutenção e o apoio contínuos.

Perspectivas futuras

O conceito de sala de aula inteligente está ainda a evoluir, com o aparecimento regular de novas tecnologias e aplicações. Os futuros desenvolvimentos em IA, aprendizagem automática e tecnologias educativas são susceptíveis de melhorar ainda mais as capacidades das salas de aula inteligentes. Alguns dos potenciais avanços futuros incluem:

Tutores de IA mais avançados: À medida que a IA continua a evoluir, podemos esperar tutores de IA ainda mais sofisticados, capazes de fornecer conhecimentos mais profundos e apoio mais personalizado aos alunos.

Integração com Realidade Aumentada e Virtual: A integração das tecnologias de RA e RV criará experiências de aprendizagem ainda mais imersivas e interactivas, permitindo aos alunos explorar novos conceitos de formas anteriormente impossíveis.

Ferramentas de colaboração em tempo real: As ferramentas de colaboração melhoradas permitirão aos alunos e educadores trabalhar em conjunto em tempo real, independentemente da sua localização física. Isto pode facilitar um trabalho de grupo mais eficaz, a aprendizagem entre pares e as interacções entre professores e alunos.

Utilização alargada da análise preditiva: A análise preditiva permitirá aos educadores antecipar e responder às necessidades dos alunos antes de se tornarem problemas críticos, proporcionando apoio e intervenção proactivos.

Perspetiva histórica da tecnologia na educação

A integração da tecnologia na educação tem sido uma jornada transformadora, evoluindo ao longo dos séculos para moldar as experiências de aprendizagem que vemos atualmente.

Primeiros passos: Ferramentas e métodos

A educação, nas suas formas mais antigas, baseava-se fortemente na tradição oral e em instrumentos simples. O ábaco, inventado por volta de 500 a.C., é um dos primeiros instrumentos conhecidos utilizados para o ensino da aritmética. Representou um salto significativo na ajuda aos alunos para visualizarem e compreenderem os conceitos matemáticos.

A invenção do papel e da tinta na China, por volta do ano 100 d.C., e o subsequente desenvolvimento de sistemas de escrita, marcaram outro ponto de viragem. Estas inovações permitiram o registo e a divulgação de conhecimentos, tornando a educação mais acessível. Na Idade Média, a utilização do pergaminho e das penas espalhou-se por toda a Europa, facilitando a preservação e a transmissão de trabalhos académicos.

A revolução da impressão

A invenção da imprensa por Johannes Gutenberg, em meados do século XV, revolucionou a educação. Pela primeira vez, os livros puderam ser produzidos em massa, tornando o conhecimento escrito amplamente disponível. Este período assistiu à proliferação de manuais escolares, permitindo uma educação padronizada e a difusão da literacia.

Os manuais escolares tornaram-se instrumentos fundamentais nas salas de aula, proporcionando um currículo consistente e material de referência para professores e alunos. A imprensa também permitiu a divulgação de descobertas científicas, ideias filosóficas e obras literárias, contribuindo para o crescimento intelectual das sociedades.

A Era Industrial: Mecanização e educação em massa

O século XIX trouxe a Revolução Industrial, que teve um impacto significativo na educação. A necessidade de uma mão de obra alfabetizada e qualificada levou à criação de sistemas de ensino público. Este período assistiu à introdução dos quadros negros, uma ferramenta simples mas eficaz que permitia aos professores apresentar informações visualmente a uma sala de aula inteira.

Com a expansão dos sistemas educativos, o desenvolvimento de novas tecnologias também se fez sentir. A máquina de escrever, inventada no final do século XIX, facilitou as tarefas administrativas e melhorou a eficiência da manutenção de registos nas escolas. Tornou-se também um instrumento valioso para o ensino de competências de dactilografia, cada vez mais procuradas nos ambientes de escritório em expansão da época.

O século XX: Audiovisual e primeiras tecnologias digitais

O século XX assistiu a rápidos avanços tecnológicos, muitos dos quais foram introduzidos no sector da educação. A introdução da rádio na década de 1920 trouxe a primeira vaga de programas educativos transmitidos, chegando a zonas remotas e rurais. Seguiu-se a utilização de projectores de filmes e de filmes educativos, proporcionando experiências de aprendizagem visuais e auditivas que os manuais escolares, por si só, não podiam oferecer.

As décadas de 1950 e 1960 assistiram ao advento da televisão, transformando ainda mais a oferta educativa. Os programas de televisão educativos, como os produzidos pelo Serviço Público de Radiodifusão (PBS) nos Estados Unidos, tornaram-se um elemento básico nas salas de aula e nos lares, oferecendo conteúdos diversificados e interessantes.

O final do século XX marcou o início da era digital na educação. A introdução dos computadores pessoais na década de 1980 abriu novas possibilidades de aprendizagem. Os primeiros programas informáticos educativos, como o Logo e o Oregon Trail, proporcionaram aos alunos formas interactivas e interessantes de aprender disciplinas como a matemática e a história. Os laboratórios de informática tornaram-se comuns nas escolas, dando aos alunos experiência prática com a tecnologia que se tornaria cada vez mais importante no seu futuro.

A Internet e a aprendizagem em linha

A década de 1990 trouxe a Internet, um desenvolvimento transformador que revolucionou o acesso à informação e aos recursos de aprendizagem. A World Wide Web tornou possível aceder instantaneamente a grandes quantidades de informação, quebrando as barreiras geográficas à educação. As enciclopédias em linha, as revistas académicas e os sítios Web educativos tornaram-se recursos inestimáveis para estudantes e professores.

Surgiram os ambientes virtuais de aprendizagem (AVA) e os sistemas de gestão da aprendizagem (SGA), que proporcionam plataformas para a realização e gestão de cursos em linha. Estes sistemas permitiram uma maior flexibilidade na aprendizagem, permitindo aos alunos aceder aos materiais do curso, apresentar trabalhos e interagir com instrutores e colegas a partir de qualquer parte do mundo.

O crescimento do ensino em linha foi ainda mais acelerado pela proliferação da Internet de banda larga e das tecnologias móveis. Os Cursos Online Abertos e Massivos (MOOC), introduzidos no início do século XXI, ofereceram cursos gratuitos ou a preços acessíveis de universidades prestigiadas a um público global, democratizando o acesso a um ensino de elevada qualidade.

O século XXI: Tecnologias avançadas digitais e de IA

O século XXI registou um crescimento exponencial na integração de tecnologias digitais avançadas e de IA na educação. Os quadros interactivos substituíram os tradicionais quadros negros, oferecendo capacidades dinâmicas e multimédia. Os tablets e computadores portáteis tornaram-se omnipresentes nas salas de aula, suportando uma série de aplicações e ferramentas educativas.

As tecnologias orientadas para a IA estão atualmente na vanguarda da inovação educativa. Os sistemas de tutoria inteligentes, como o MATHia da Carnegie Learning, fornecem instruções personalizadas adaptadas às necessidades e ao progresso de cada aluno. Os algoritmos de IA analisam os dados de desempenho dos alunos para oferecer feedback direcionado e sugerir áreas de melhoria.

As tecnologias de realidade virtual e aumentada (RV e RA) também começaram a transformar a experiência de aprendizagem. Estas ferramentas imersivas proporcionam aos alunos formas interactivas e envolventes de explorar conceitos complexos, desde acontecimentos históricos a fenómenos científicos. Por exemplo, as visitas de estudo em RV podem levar os alunos a civilizações antigas ou a planetas distantes, oferecendo uma aprendizagem experimental que era anteriormente inimaginável.

Desafios e perspectivas futuras

Apesar dos avanços notáveis, a integração da tecnologia na educação tem enfrentado desafios. Questões como a fratura digital, a privacidade dos dados e a necessidade de formação dos professores têm constituído obstáculos significativos. Garantir um acesso equitativo à tecnologia continua a ser uma preocupação fundamental, em especial nas comunidades carenciadas.

Olhando para o futuro, o futuro da tecnologia educativa reserva possibilidades interessantes. As inovações no domínio da IA, da aprendizagem automática e da análise de dados prometem personalizar e melhorar ainda mais as experiências de aprendizagem. O desenvolvimento de ambientes de sala de aula inteligentes, em que os sistemas de IA ajudam em tudo, desde o planeamento das aulas até à avaliação dos alunos, está no horizonte.

Além disso, a evolução contínua da tecnologia educativa irá provavelmente dar maior ênfase à promoção do pensamento crítico, da criatividade e das competências de colaboração. À medida que a tecnologia continua a avançar, o papel dos educadores também evoluirá, passando dos métodos de ensino tradicionais para a facilitação e orientação da exploração do conhecimento pelos alunos.

Panorama das tecnologias de IA na educação

A Inteligência Artificial (IA) tem vindo a transformar vários sectores, e a educação não é exceção. As tecnologias de IA estão a revolucionar a forma como os educadores ensinam e os alunos aprendem, fornecendo ferramentas e métodos inovadores que melhoram a experiência educativa. Este capítulo apresenta uma panorâmica abrangente das tecnologias de IA na educação, destacando as suas aplicações, benefícios e potenciais desenvolvimentos futuros.

Aprendizagem personalizada com base em IA

Um dos contributos mais significativos da IA na educação é o desenvolvimento de experiências de aprendizagem personalizadas. O ensino tradicional segue frequentemente uma abordagem de tamanho único, que pode ser ineficaz para muitos alunos. As tecnologias de IA, no entanto, permitem uma aprendizagem personalizada, adaptando os conteúdos e métodos educativos às necessidades individuais dos alunos. Os algoritmos de aprendizagem automática analisam o desempenho, os estilos de aprendizagem e as preferências dos alunos para fornecer lições e exercícios personalizados. As plataformas de aprendizagem adaptativa, como a DreamBox, a Knewton e a Smart Sparrow, utilizam estes algoritmos para ajustar a dificuldade e o estilo dos conteúdos em tempo real, garantindo que cada aluno recebe uma experiência educativa personalizada.

Sistemas de tutoria inteligentes

Os sistemas de tutoria inteligente (STI) são plataformas baseadas em IA que proporcionam aos estudantes experiências de tutoria individual. Estes sistemas utilizam o processamento de linguagem natural (PNL) e a aprendizagem automática para compreender as questões dos alunos e fornecer explicações e feedback relevantes. Exemplos de ITS incluem o MATHia da Carnegie Learning e a Iniciativa de Aprendizagem Aberta (OLI) da Universidade Carnegie Mellon. Estas plataformas podem diagnosticar lacunas de aprendizagem, oferecer soluções passo-a-passo e adaptar-se ao ritmo do aluno. Ao simular a atenção personalizada de um tutor humano, os ITS podem melhorar significativamente a compreensão e a retenção dos alunos.

Classificação e avaliação automatizadas

A classificação e a avaliação são tarefas que consomem muito tempo aos educadores. As tecnologias de IA, em especial as que utilizam PNL e visão por computador, podem automatizar estes processos, poupando tempo valioso e proporcionando avaliações consistentes e objectivas. Os sistemas automatizados de classificação de ensaios, como o Intelligent Essay Assessor (IEA) e o e-rater desenvolvido pelo Educational Testing Service (ETS), analisam as respostas escritas em termos de gramática, estilo e qualidade do conteúdo. Do mesmo modo, as ferramentas baseadas em IA, como o Gradescope, podem avaliar trabalhos manuscritos, tarefas de codificação e até conjuntos de problemas complexos. Estes sistemas não só agilizam o processo de classificação, como também fornecem um feedback pormenorizado para ajudar os alunos a melhorar o seu trabalho.

IA na gestão de salas de aula

As tecnologias de IA também estão a melhorar a gestão da sala de aula, automatizando as tarefas administrativas e facilitando uma melhor comunicação entre professores e alunos. Ferramentas como o ClassDojo e o TeacherKit utilizam a IA para controlar a assiduidade, monitorizar o comportamento dos alunos e gerir as actividades da sala de aula. Estas plataformas fornecem dados e informações em tempo real, permitindo que os professores resolvam os problemas prontamente e mantenham um ambiente de aprendizagem positivo. Além disso, os chatbots de IA, como o Ivy.ai e o AdmitHub, ajudam nas tarefas administrativas, respondendo às perguntas dos alunos, fornecendo informações sobre horários e enviando lembretes sobre prazos e eventos.

Criação e curadoria inteligente de conteúdos

As tecnologias de IA estão a revolucionar a criação e a curadoria de conteúdos na educação. As ferramentas baseadas em IA podem gerar materiais educativos, incluindo questionários, flashcards e planos de aula, com base em objectivos de aprendizagem específicos e nas necessidades dos alunos. Por exemplo, a Content Technologies, Inc. (CTI) desenvolveu uma plataforma baseada em IA que cria livros didácticos personalizados, adaptados a cursos e alunos individuais. Do mesmo modo, plataformas como a Edmodo e a Curator.ai utilizam a IA para selecionar e recomendar conteúdos educativos relevantes de várias fontes online, garantindo que os alunos e os professores têm acesso às informações mais pertinentes e actualizadas.

Melhorar a educação especial

As tecnologias de IA estão a desempenhar um papel crucial no apoio ao ensino especial, proporcionando experiências de aprendizagem personalizadas e acessíveis aos alunos com deficiência. O software de reconhecimento de voz, como o Speech-to-Text da Google e o VoiceOver da Apple, ajuda os alunos com deficiências auditivas convertendo palavras faladas em texto. Os sistemas de conversão de texto em voz (TTS), como o Kurzweil 3000 e o Read&Write, ajudam os alunos com dificuldades de leitura, lendo em voz alta o conteúdo escrito. Além disso, ferramentas alimentadas por IA, como a Cognii e a Brainly, oferecem tutoria e apoio personalizados a estudantes com dificuldades de aprendizagem, garantindo que recebem a assistência de que necessitam para terem sucesso académico.

Realidade virtual e aumentada na educação

A Realidade Virtual (RV) e a Realidade Aumentada (RA), impulsionadas pela IA, estão a criar experiências de aprendizagem imersivas e interactivas. Estas tecnologias permitem aos alunos explorar conceitos e ambientes complexos de uma forma visualmente envolvente. Por exemplo, plataformas como o zSpace e o Google Expeditions permitem aos alunos fazer visitas de estudo virtuais, realizar experiências de laboratório virtuais e interagir com modelos 3D. As aplicações de RA, como o Aurasma e o Augment, sobrepõem informação digital ao mundo físico, proporcionando experiências de aprendizagem interactivas e contextualizadas. Ao tornar os conceitos abstractos tangíveis e envolventes, as tecnologias de RV e RA melhoram a compreensão e a retenção dos alunos.

Análise preditiva para o sucesso dos alunos

As tecnologias de IA estão a ser cada vez mais utilizadas para prever o desempenho dos alunos e identificar aqueles que correm o risco de ficar para trás. As plataformas de análise preditiva analisam dados históricos e em tempo real para prever os resultados académicos e fornecer estratégias de intervenção precoce. Ferramentas como o Civitas Learning e o Watson Education da IBM utilizam algoritmos de aprendizagem automática para identificar padrões e correlações nos dados dos alunos, como a assiduidade, as notas e a participação. Ao fornecer aos educadores informações accionáveis, estas plataformas permitem intervenções atempadas que podem melhorar a retenção dos alunos e as taxas de sucesso.

Melhorar a colaboração e a comunicação

As tecnologias de IA estão a facilitar uma melhor colaboração e comunicação entre estudantes e educadores. As ferramentas de colaboração baseadas em IA, como o Slack e o Microsoft Teams, utilizam a PNL para organizar e dar prioridade às mensagens, sugerir recursos relevantes e automatizar tarefas de rotina. Estas plataformas aumentam a eficiência dos projectos de grupo e facilitam a comunicação sem falhas. Além disso, as ferramentas de tradução de idiomas com IA, como o Google Translate e o Microsoft Translator, eliminam as barreiras linguísticas em diversas salas de aula, permitindo que alunos e professores comuniquem eficazmente independentemente das suas línguas nativas.

Relevância da IA na educação moderna

A Inteligência Artificial (IA) está a transformar vários sectores, e a educação não é exceção. A integração da IA na educação oferece inúmeras vantagens, reformulando fundamentalmente a forma como ensinamos e aprendemos.

Aprendizagem personalizada

Um dos contributos mais significativos da IA para a educação é a capacidade de personalizar as experiências de aprendizagem. Os sistemas de ensino tradicionais seguem frequentemente uma abordagem de tamanho único, o que pode deixar alguns alunos para trás enquanto outros não são suficientemente desafiados. A IA resolve esta questão permitindo sistemas de aprendizagem adaptativos que adaptam os conteúdos educativos às necessidades individuais de cada aluno. Estes sistemas analisam os pontos fortes e fracos do aluno, o seu ritmo de aprendizagem e as suas preferências, e depois personalizam as aulas para otimizar os resultados da aprendizagem.

Por exemplo, plataformas alimentadas por IA como a DreamBox e a Knewton utilizam algoritmos para ajustar a dificuldade das tarefas em tempo real, fornecendo feedback instantâneo e recursos adicionais sempre que necessário. Esta abordagem personalizada não só ajuda a manter os alunos empenhados, como também garante que dominam cada conceito antes de passarem ao seguinte, melhorando assim a eficiência e a retenção globais da aprendizagem.

Aumentar a eficiência e a eficácia

A IA aumenta a eficiência e a eficácia dos processos educativos. Os professores gastam frequentemente uma parte significativa do seu tempo em tarefas administrativas, como classificações, calendarização e elaboração de relatórios. A IA pode automatizar muitas destas tarefas, permitindo que os educadores se concentrem mais no ensino e na interação com os alunos. Os sistemas de classificação automatizados, por exemplo, podem lidar com testes de escolha múltipla e até com alguns tipos de avaliações de redação, fornecendo feedback imediato aos alunos e reduzindo a carga de trabalho dos professores.

Além disso, a análise baseada em IA pode fornecer aos educadores informações valiosas sobre o desempenho dos alunos e os padrões de aprendizagem. Estas informações permitem aos professores identificar os alunos que podem necessitar de apoio ou intervenção adicional e ajustar as suas estratégias de ensino em conformidade. Ao tirar partido da IA, as escolas podem criar ambientes de aprendizagem mais eficientes e informados por dados.

Aumentar a acessibilidade

A IA tem o potencial de tornar a educação mais acessível a um público mais vasto. Pode colmatar lacunas para os estudantes com deficiência, fornecendo ferramentas que respondem às suas necessidades específicas. Por exemplo, o software de reconhecimento de voz pode ajudar os alunos com deficiências físicas a escrever ensaios, enquanto as aplicações de conversão de texto em voz podem ajudar os alunos com deficiências visuais. As ferramentas de tradução linguística baseadas em IA também tornam os conteúdos educativos acessíveis a falantes não nativos, promovendo a inclusão em salas de aula multiculturais.

Além disso, as plataformas de aprendizagem em linha alimentadas por IA podem chegar a estudantes em zonas remotas ou mal servidas, onde o acesso a uma educação de qualidade pode ser limitado. Estas plataformas oferecem uma vasta gama de cursos e recursos que podem ser acedidos a qualquer hora e em qualquer lugar, quebrando as barreiras geográficas e proporcionando oportunidades de aprendizagem contínua.

Preparar os alunos para o futuro

À medida que a IA continua a evoluir, é cada vez mais importante que os estudantes desenvolvam competências que serão relevantes num futuro orientado para a IA. A integração da IA no ensino não só melhora os actuais processos de aprendizagem, como também prepara os estudantes para as exigências da futura força de trabalho. Ao familiarizar os estudantes com as tecnologias de IA e as suas aplicações, os sistemas de ensino podem ajudá-los a desenvolver o pensamento crítico, a resolução de problemas e as competências técnicas.

Por exemplo, as aulas de codificação e robótica que integram conceitos de IA podem despertar o interesse pelos domínios STEM e incentivar os alunos a seguirem carreiras nas áreas da tecnologia e da engenharia. Além disso, a compreensão da IA e das suas implicações éticas pode preparar os alunos para navegar e contribuir para um mundo onde a IA é omnipresente.

Abordar as desigualdades na educação

A IA tem o potencial de abordar as desigualdades educativas, fornecendo apoio personalizado a estudantes de diversas origens. As disparidades socioeconómicas conduzem frequentemente a um acesso desigual a uma educação e a recursos de qualidade. A IA pode ajudar a nivelar o campo de jogo, oferecendo tutoria personalizada e ajudas à aprendizagem que são escaláveis e económicas. Por exemplo, os sistemas de tutoria baseados em IA podem prestar assistência individualizada a estudantes que não podem pagar a tutores privados, garantindo que recebem o apoio necessário para terem sucesso académico.

Além disso, a IA pode ajudar a identificar e atenuar os preconceitos nos materiais educativos e nas avaliações. Ao analisar grandes conjuntos de dados, a IA pode revelar padrões de parcialidade e recomendar alterações para criar um ambiente de aprendizagem mais equitativo. Isto contribui para um sistema educativo mais justo e inclusivo, em que todos os alunos têm a oportunidade de prosperar.

Melhorar o desenvolvimento profissional dos professores

A IA também desempenha um papel crucial na melhoria do desenvolvimento profissional dos professores. A aprendizagem contínua é essencial para os educadores acompanharem as rápidas mudanças no panorama educativo. As plataformas baseadas em IA podem oferecer programas de formação personalizados aos professores, ajudando-os a desenvolver novas competências e a manterem-se actualizados com as mais recentes metodologias de ensino. Estas plataformas podem avaliar os pontos fortes e fracos dos professores, recomendar cursos relevantes e fornecer feedback para melhorar as suas práticas de ensino.

Além disso, a IA pode facilitar a colaboração entre educadores, ligando-os a colegas e especialistas de todo o mundo. Os fóruns em linha e as redes alimentadas por IA permitem aos professores partilhar recursos, trocar ideias e receber orientação, promovendo uma cultura de crescimento profissional contínuo.

Apoiar a aprendizagem ao longo da vida

No mundo acelerado de hoje, a aprendizagem ao longo da vida está a tornar-se cada vez mais importante. A IA apoia este conceito ao proporcionar oportunidades de aprendizagem flexíveis e personalizadas para indivíduos em todas as fases da vida. Os cursos em linha, alimentados por IA, podem adaptar-se ao horário e ao estilo de aprendizagem do aluno, facilitando a aquisição de novas competências ou a prossecução de estudos superiores por parte dos profissionais que trabalham.

Plataformas baseadas em IA, como a Coursera e a edX, oferecem uma vasta gama de cursos das principais universidades e instituições, permitindo que os alunos acedam a uma educação de alta qualidade a partir do conforto das suas casas. Esta democratização da educação permite que os indivíduos melhorem continuamente os seus conhecimentos e competências, mantendo-se relevantes num mercado de trabalho em rápida mudança.

CAPÍTULO 2

A evolução da tecnologia educativa
Ashwani Kumar

Escola de Engenharia e Tecnologia

K. R. Mangalam University, Gurugram, Haryana, Índia

Deepak Singh

Departamento de Engenharia e Tecnologia

ABES(IT), Ghaziabad, Uttar Pradesh, Índia

Introdução

A integração da tecnologia na educação tem uma longa e variada história, que remonta aos tempos antigos, quando ferramentas e métodos simples foram utilizados pela primeira vez para melhorar o processo de aprendizagem. Este percurso, que vai desde os auxiliares de ensino rudimentares até às plataformas digitais sofisticadas, ilustra o esforço persistente para melhorar os resultados educativos através da inovação.

Inovações antigas e medievais

A utilização da tecnologia na educação remonta às civilizações antigas. Na Grécia antiga, o ábaco era um instrumento educativo importante, que facilitava a aprendizagem da aritmética. Os gregos também utilizavam tabuinhas de cera e estiletes, que permitiam aos alunos praticar a escrita e os cálculos. Do mesmo modo, os romanos utilizavam tabuinhas de cera e ábacos, juntamente com o códice, uma forma primitiva de livro que substituía os pergaminhos e facilitava a leitura e as referências.

Durante o período medieval, a invenção da pena e da tinta melhorou as práticas de escrita nas escolas monásticas. Estas ferramentas eram essenciais para a cópia de manuscritos, que era o principal método de divulgação do conhecimento antes da imprensa. Os mosteiros e as catedrais eram os centros de aprendizagem, onde a utilização destas tecnologias fazia parte integrante da educação.

A invenção da imprensa escrita

A invenção da prensa de impressão por Johannes Gutenberg, em meados do século XV, constituiu um marco significativo na tecnologia educativa. A capacidade de produzir livros em massa transformou a educação, tornando a literatura e as obras académicas mais acessíveis. Antes da imprensa, os livros eram caros e raros, muitas vezes restritos aos ricos ou a instituições religiosas. A imprensa de Gutenberg democratizou o conhecimento, permitindo a difusão de novas ideias e a alfabetização de segmentos mais amplos da população.

A revolução da imprensa facilitou o desenvolvimento de sistemas de ensino formal. Os livros didácticos passaram a ser utilizados nas salas de aula, permitindo um ensino mais uniforme. Este período assistiu ao aparecimento de universidades e à normalização dos currículos, uma vez que os materiais impressos constituíam uma forma fiável de divulgar conhecimentos de forma consistente.

O quadro de giz e a ardósia

O século XIX introduziu o quadro de giz, uma inovação que se tornou um elemento básico nas salas de aula de todo o mundo. O quadro de giz permitiu que os professores apresentassem informações de uma forma visível para todos os alunos, facilitando os métodos de ensino interactivos. Permitiu aos educadores ilustrar conceitos de forma dinâmica e ajustar o seu ensino com base no feedback dos alunos.

Na mesma altura, as lousas individuais tornaram-se instrumentos comuns para os estudantes. Estes pequenos quadros portáteis permitiam aos alunos praticar a escrita e a aritmética sem desperdiçar papel, que era ainda um bem relativamente caro. A combinação de quadros de giz e lousas representou um avanço significativo na interação na sala de aula e na participação dos alunos.

Dispositivos mecânicos antigos

O final do século XIX e o início do século XX assistiram à introdução de instrumentos didácticos mecânicos. Uma invenção notável foi a secretária escolar com um tinteiro acoplado, concebida para acomodar a caneta de tinta permanente, que substituiu a pena. Estas carteiras estavam frequentemente equipadas com arrumação para livros e materiais, reflectindo um ambiente de sala de aula em evolução, mais centrado no conforto e na acessibilidade dos alunos.

Durante este período, foram também introduzidos aparelhos como o mimeógrafo e o retroprojetor. O mimeógrafo permitia aos professores reproduzir mais eficazmente folhetos e fichas de trabalho, abrindo caminho à utilização de materiais suplementares no ensino. O retroprojetor permitiu que os educadores apresentassem transparências, facilitando a apresentação de ajudas visuais e ilustrações durante as aulas.

Rádio e Televisão

O advento da rádio e da televisão no início e em meados do século XX trouxe novas dimensões à tecnologia educativa. Os programas de rádio educativos foram uma das primeiras tentativas de utilizar a radiodifusão como ferramenta de ensino. Estes programas forneceram conteúdos educativos a uma vasta audiência, incluindo zonas rurais onde o acesso às escolas tradicionais era limitado.

A televisão alargou ainda mais o alcance dos conteúdos educativos. Nas décadas de 1950 e 1960, surgiram programas de televisão educativos, como a "Rua Sésamo", dirigidos a crianças pequenas com conteúdos interessantes e informativos. Estes programas utilizavam as capacidades visuais e auditivas do meio para ensinar competências e conceitos básicos de forma eficaz. A televisão educativa também se estendeu ao ensino superior, com as universidades a transmitirem palestras e séries educativas para complementar a aprendizagem tradicional.

O nascimento da tecnologia digital

A segunda metade do século XX marcou o início da revolução digital na educação. O desenvolvimento dos computadores introduziu uma nova era de aprendizagem baseada na tecnologia. Nas décadas de 1960 e 1970, começaram a aparecer nas universidades e instituições de investigação computadores mainframe e minicomputadores, utilizados principalmente para cálculos científicos e processamento de dados.

Na década de 1980, os computadores pessoais (PCs) começaram a entrar nas salas de aula. O Apple II, introduzido em 1977, tornou-se um dos primeiros computadores amplamente adoptados no ensino. A sua utilização nas escolas para programação, simulações e literacia informática básica lançou as bases para a futura integração tecnológica. Programas de software como "Logo" e "Oregon Trail" tornaram-se ferramentas educativas icónicas, combinando a aprendizagem com experiências interactivas.

A Internet e o multimédia

O advento da Internet na década de 1990 revolucionou mais uma vez a tecnologia educativa. A Internet permitiu o acesso a grandes quantidades de informação e recursos educativos, ligando estudantes e educadores a nível mundial. Os sítios Web, as bases de dados em linha e as bibliotecas digitais tornaram-se ferramentas essenciais para a investigação e a aprendizagem.

A tecnologia multimédia, que combina texto, gráficos, áudio e vídeo, melhorou ainda mais a experiência educativa. Os CD-ROM e as primeiras enciclopédias digitais proporcionaram experiências de aprendizagem interactivas, tornando a informação mais cativante e acessível. O aparecimento de plataformas de aprendizagem eletrónica e de cursos em linha começou a remodelar o panorama educativo, oferecendo oportunidades de aprendizagem flexíveis e diversificadas.

A ascensão das ferramentas digitais de aprendizagem

Nas últimas décadas, o panorama educativo sofreu uma transformação significativa, impulsionada em grande parte pelo rápido avanço e integração de ferramentas de aprendizagem digital. Estas ferramentas não só melhoraram os métodos de ensino tradicionais, como também introduziram abordagens inovadoras à aprendizagem, tornando a educação mais acessível, cativante e personalizada.

Contexto histórico

O percurso das ferramentas de aprendizagem digital começou na segunda metade do século XX com o advento dos computadores e da Internet. Inicialmente, a tecnologia educativa limitava-se à instrução assistida por computador (CAI), que oferecia programas básicos de treino e prática. Estas primeiras ferramentas, embora rudimentares, lançaram as bases para aplicações mais sofisticadas que se seguiriam.

Com o progresso da tecnologia, a década de 1990 assistiu à introdução de recursos multimédia, incluindo CD-ROM educativos e as primeiras versões das plataformas de e-learning. Estes recursos combinavam texto, gráficos, áudio e vídeo, proporcionando uma experiência de aprendizagem mais rica do que os manuais escolares tradicionais. A proliferação da Internet acelerou ainda mais o desenvolvimento de ferramentas de aprendizagem digital, permitindo o acesso a grandes quantidades de informação e a recursos educativos em linha.

A Internet e as plataformas de aprendizagem em linha

O final da década de 1990 e o início da década de 2000 marcaram um ponto de viragem significativo com o aparecimento de plataformas de aprendizagem em linha. Os sítios Web dedicados à educação, como a Khan Academy, Coursera e edX, começaram a oferecer cursos gratuitos e pagos sobre uma vasta gama de temas. Estas plataformas democratizaram a educação, fornecendo materiais de aprendizagem de alta qualidade a qualquer pessoa com acesso à Internet, quebrando barreiras geográficas e financeiras.

As plataformas de aprendizagem em linha potenciaram o poder das aulas em vídeo, dos questionários interactivos e dos fóruns de discussão entre pares, criando um ambiente de aprendizagem mais dinâmico e interativo. A possibilidade de aprender ao seu próprio ritmo e a flexibilidade de escolher entre uma vasta gama de cursos tornaram a aprendizagem em linha uma opção atractiva para os estudantes de todo o mundo.

Aprendizagem móvel e aplicações

O surgimento dos smartphones e tablets no final dos anos 2000 e início dos anos 2010 revolucionou ainda mais a aprendizagem digital. A aprendizagem móvel, ou m-learning, trouxe a educação para a palma da mão, permitindo aos alunos aceder a conteúdos educativos em qualquer altura e em qualquer lugar. As aplicações educativas proliferaram, abrangendo temas desde a aprendizagem de línguas (por exemplo,

Duolingo) à matemática (por exemplo, Photomath) e à programação (por exemplo, Scratch).

Estas aplicações incorporaram frequentemente elementos de gamificação, como recompensas, distintivos e tabelas de classificação, para aumentar o envolvimento e a motivação. A portabilidade e a conveniência dos dispositivos móveis tornaram a aprendizagem mais acessível a pessoas de todas as idades, promovendo uma cultura de aprendizagem contínua e ao longo da vida.

Tecnologias de aprendizagem adaptativa

Um dos desenvolvimentos mais transformadores nas ferramentas de aprendizagem digital foi o surgimento das tecnologias de aprendizagem adaptativa. Estas tecnologias utilizam inteligência artificial (IA) e algoritmos de aprendizagem automática para personalizar a experiência de aprendizagem de cada aluno. Ao analisar os dados sobre o desempenho dos alunos, os sistemas de aprendizagem adaptativa podem ajustar o conteúdo, o ritmo e o nível de dificuldade para satisfazer as necessidades individuais.

Plataformas como a Knewton, DreamBox e Smart Sparrow foram pioneiras na aprendizagem adaptativa em vários contextos educativos. Estes sistemas fornecem feedback em tempo real e intervenções direccionadas, ajudando os alunos a dominar conceitos de forma mais eficaz. A aprendizagem adaptativa não só melhora os resultados dos alunos, como também ajuda os educadores a identificar áreas em que os alunos têm dificuldades, permitindo uma instrução mais direccionada.

Realidade virtual e aumentada

A realidade virtual (RV) e a realidade aumentada (RA) introduziram experiências de aprendizagem imersivas que outrora eram matéria de ficção científica. A RV pode transportar os alunos para acontecimentos históricos, ambientes científicos ou mesmo para o interior do corpo humano, proporcionando uma oportunidade de aprendizagem experimental que é simultaneamente cativante e memorável. A RA, por outro lado, sobrepõe informação digital ao mundo físico, melhorando as experiências de aprendizagem interactivas.

Foram desenvolvidas aplicações educativas de RV e RA para uma vasta gama de disciplinas, incluindo história, ciências e engenharia. Por exemplo, plataformas como o Google Expeditions e o Nearpod VR oferecem viagens de campo virtuais, enquanto aplicações de RA como o Anatomy 4D fornecem modelos 3D interactivos para o ensino da medicina. Estas tecnologias são particularmente eficazes em disciplinas que beneficiam da visualização e da interação prática.

Sistemas de gestão da aprendizagem (LMS)

Os Sistemas de Gestão da Aprendizagem (LMS) tornaram-se uma pedra angular da educação digital, particularmente no ensino superior e na formação empresarial. As plataformas LMS, como o Moodle, o Canvas e o Blackboard, fornecem um hub centralizado para a gestão de cursos, fornecimento de conteúdos e avaliação dos alunos. Facilitam a organização e distribuição de materiais de aprendizagem, acompanham o progresso dos alunos e permitem a comunicação entre instrutores e alunos.

As plataformas LMS suportam modelos de aprendizagem mista, combinando ensino em linha e presencial. Oferecem ferramentas para criar conteúdos multimédia, administrar questionários e trabalhos e promover a aprendizagem colaborativa através de fóruns de discussão e projectos de grupo. A escalabilidade e a flexibilidade dos LMS tornam-nos essenciais para as instituições que pretendem oferecer um ensino de alta qualidade a populações de estudantes grandes e diversificadas.

Ferramentas de aprendizagem colaborativa e social

A aprendizagem digital também abraçou o poder da colaboração e da interação social. Ferramentas como o Google Classroom, o Microsoft Teams e o Slack permitem que alunos e educadores colaborem em tempo real, partilhem recursos e comuniquem eficazmente. Estas plataformas apoiam a aprendizagem baseada em projectos e as interacções entre pares, que são cruciais para desenvolver o pensamento crítico e as competências de trabalho em equipa.

As plataformas de aprendizagem social, como o Edmodo e o Piazza, proporcionam fóruns para os alunos debaterem os materiais do curso, colocarem questões e partilharem ideias. Estas ferramentas criam um sentido de comunidade e promovem um ambiente de aprendizagem colaborativo, mesmo em cursos em linha ou híbridos. A integração de elementos das redes sociais, como gostos, comentários e partilhas, aumenta ainda mais o envolvimento e a participação.

O impacto da COVID-19

A pandemia de COVID-19 veio sublinhar a importância e o potencial das ferramentas de aprendizagem digital. Com as escolas e universidades obrigadas a encerrar os seus campus físicos, os educadores de todo o mundo tiveram de se virar para a aprendizagem em linha quase de um dia para o outro. Esta mudança sem precedentes acelerou a adoção de ferramentas de aprendizagem digital e pôs em evidência tanto os seus pontos fortes como as suas limitações.

Durante a pandemia, plataformas como o Zoom, o Microsoft Teams e o Google Meet tornaram-se essenciais para aulas virtuais síncronas, ao passo que as plataformas LMS e de cursos em linha facilitaram a aprendizagem assíncrona. A experiência levou a uma maior apreciação da flexibilidade e resiliência da aprendizagem digital, levando a investimentos contínuos em tecnologia para apoiar modelos de ensino híbridos e remotos.

Tendências futuras

Olhando para o futuro, o futuro das ferramentas de aprendizagem digital está preparado para uma inovação contínua. Os avanços na IA e na análise de dados irão melhorar ainda mais a aprendizagem adaptativa e a educação personalizada. A integração da tecnologia blockchain poderá revolucionar a credenciação e a verificação dos resultados académicos. Além disso, o crescente campo da análise de aprendizagem fornecerá informações mais profundas sobre o comportamento e os resultados dos alunos, permitindo intervenções e apoio mais eficazes.

medida que as ferramentas de aprendizagem digital evoluem, é crucial enfrentar desafios como a equidade digital, a privacidade dos dados e a necessidade de uma formação eficaz dos professores. Garantir que todos os alunos tenham acesso à tecnologia necessária e que os educadores estejam equipados para tirar partido dessas ferramentas será essencial para concretizar todo o potencial da aprendizagem digital.

IA em contextos educativos

A Inteligência Artificial (IA) transformou significativamente numerosos sectores, sendo a educação um dos domínios mais afectados. A integração da IA em ambientes educativos está a remodelar os paradigmas tradicionais de aprendizagem e a introduzir formas inovadoras de melhorar os processos de ensino e aprendizagem. Este poder transformador da IA na educação reside na sua capacidade de personalizar a aprendizagem, automatizar tarefas administrativas, apoiar os professores e fornecer informações através da análise de dados.

Personalizar as experiências de aprendizagem

Um dos impactos mais profundos da IA na educação é a sua capacidade de personalizar as experiências de aprendizagem. A educação tradicional geralmente segue uma abordagem de tamanho único, que pode não atender às necessidades exclusivas de cada aluno. A IA pode analisar estilos, preferências e ritmos de aprendizagem individuais, criando planos de aprendizagem personalizados que atendem às necessidades de cada aluno. Por exemplo, plataformas alimentadas por IA como a DreamBox e a Smart Sparrow adaptam o conteúdo e o ritmo das aulas com base em avaliações em tempo real do desempenho dos alunos. Esta personalização não só aumenta o envolvimento, como também garante que os alunos apreendam conceitos fundamentais antes de passarem a tópicos mais complexos.

Melhorar a acessibilidade

A IA está também a tornar a educação mais acessível aos alunos com deficiência. As ferramentas baseadas em IA, como as aplicações de conversão de texto em voz e de fala em texto, como o Live Transcribe da Google e o Immersive Reader da Microsoft, estão a ajudar os alunos com deficiências visuais e auditivas a participar mais plenamente na sala de aula. Além disso, a IA pode fornecer serviços de tradução em tempo real, quebrando as barreiras linguísticas e permitindo um ambiente de aprendizagem mais inclusivo para estudantes de diferentes origens linguísticas.

Sistemas de tutoria inteligentes

Os sistemas de tutoria inteligente (STI) são outra aplicação da IA na educação. Estes sistemas fornecem tutoria individual adaptada às necessidades de cada aluno, oferecendo feedback e apoio imediatos. Ao contrário da tutoria tradicional, os STI podem estar disponíveis 24 horas por dia, 7 dias por semana, fornecendo ajuda aos alunos sempre que precisarem. Sistemas como o MATHia da Carnegie Learning e o Watson Tutor da IBM utilizam a IA para identificar os pontos fracos dos alunos e adaptar os seus métodos de ensino em conformidade. Isto não só ajuda a melhorar o desempenho académico dos alunos, como também aumenta a sua confiança e motivação.

Automatização de tarefas administrativas

A IA está a simplificar as tarefas administrativas, libertando tempo valioso para os educadores se concentrarem no ensino. Tarefas como a classificação, a calendarização e até a resposta a questões comuns dos alunos podem ser automatizadas com recurso à IA. Por exemplo, plataformas como o Gradescope e o Turnitin utilizam a IA para ajudar a classificar os trabalhos e dar feedback, garantindo a consistência e poupando horas de trabalho manual aos professores. Da mesma forma, chatbots como o AdmitHub podem responder às perguntas dos alunos sobre a inscrição nos cursos, prazos e serviços do campus, melhorando a comunicação e a eficiência nas instituições de ensino.

Insights baseados em dados

A capacidade da IA para analisar grandes quantidades de dados fornece informações valiosas sobre o desempenho e o comportamento dos alunos. Os sistemas de gestão da aprendizagem (LMS) integrados com IA podem acompanhar e analisar as interacções dos alunos, as métricas de desempenho e os níveis de envolvimento. Estes dados ajudam os educadores a identificar os alunos em risco, a compreender os padrões de aprendizagem e a desenvolver estratégias de intervenção. A análise preditiva pode prever o desempenho futuro, permitindo medidas proactivas para apoiar os alunos antes de ficarem para trás. Ferramentas como o Blackboard e o Canvas utilizam a IA para fornecer análises detalhadas que informam as estratégias de ensino e melhoram os resultados dos alunos.

Melhorar o apoio aos professores

A IA não é apenas benéfica para os alunos; também apoia os professores de várias formas. As ferramentas baseadas em IA podem ajudar no planeamento das aulas, fornecendo recursos e sugestões adaptadas ao currículo e às necessidades dos alunos. Os assistentes virtuais, como o Watson Education Advisor da IBM, oferecem aos professores informações sobre o progresso dos alunos e sugerem recursos de aprendizagem personalizados. Além disso, a IA pode facilitar o desenvolvimento profissional, identificando áreas em que os professores podem precisar de formação ou apoio adicional, promovendo assim a melhoria contínua das práticas de ensino.

Aprendizagem colaborativa e gamificação

A IA melhora as experiências de aprendizagem em colaboração, ligando alunos com interesses e objectivos de aprendizagem semelhantes. Plataformas como Edmodo e Classcraft utilizam a IA para criar ambientes de aprendizagem colaborativa onde os alunos podem trabalhar em conjunto em projectos, partilhar recursos e aprender uns com os outros. A gamificação, alimentada por IA, introduz elementos semelhantes a jogos na educação, tornando a aprendizagem mais cativante e motivadora para os alunos. A IA pode adaptar os níveis de dificuldade dos jogos com base no desempenho dos alunos, garantindo um desafio equilibrado que mantém os alunos interessados.

Considerações e desafios éticos

Embora os benefícios da IA na educação sejam significativos, é crucial abordar as considerações e os desafios éticos. A privacidade dos dados é uma grande preocupação, uma vez que os sistemas de IA recolhem e analisam grandes quantidades de dados pessoais. É fundamental garantir que estes dados sejam armazenados de forma segura e utilizados de forma ética. Além disso, é necessário abordar os potenciais enviesamentos nos algoritmos de IA que podem prejudicar determinados grupos de estudantes. O desenvolvimento de sistemas de IA transparentes e justos exige um controlo e um aperfeiçoamento contínuos.

Além disso, a integração da IA na educação levanta questões sobre o papel dos professores. Embora a IA possa automatizar muitas tarefas, o toque humano na educação é insubstituível. Os professores dão apoio emocional, orientação e inspiração, que a IA não consegue reproduzir. Por conseguinte, o objetivo deve ser utilizar a IA como uma ferramenta para aumentar e apoiar os professores, e não para os substituir.

Estudos de caso de implementações bem-sucedidas

A integração da inteligência artificial (IA) em ambientes educativos tem sido transformadora, proporcionando experiências de aprendizagem personalizadas, melhorando a eficiência administrativa e apoiando os professores nas suas funções de ensino.

1. Carnegie Learning: Aprendizagem Adaptativa em Matemática

A Carnegie Learning é pioneira na utilização da IA para melhorar o ensino da matemática. A sua plataforma, MATHia, utiliza algoritmos sofisticados de IA para proporcionar experiências de aprendizagem personalizadas aos alunos. A MATHia adapta-se ao ritmo de aprendizagem de cada aluno, identificando os seus pontos fortes e fracos e fornecendo exercícios direccionados para responder às necessidades individuais.

Um estudo de caso envolvendo um distrito escolar na Virgínia Ocidental demonstrou melhorias significativas no desempenho dos alunos após a implementação do MATHia. Durante um período de dois anos, os alunos que utilizaram a plataforma registaram um aumento de 30% nas classificações dos testes de matemática padronizados, em comparação com os seus colegas que não utilizaram o sistema. Os professores relataram que a natureza adaptativa do MATHia permitiu que eles se concentrassem mais em facilitar uma compreensão mais profunda do que em instruções repetitivas.

2. IBM Watson: Melhorar o ensino especial

O IBM Watson tem feito progressos significativos no ensino especial através das suas ferramentas baseadas em IA que apoiam os alunos com deficiência. Uma implementação notável é a da Cumberland Academy of Georgia, uma escola especializada na educação de alunos com autismo e outras diferenças de aprendizagem.

A IA do IBM Watson foi integrada na sala de aula para criar planos de aprendizagem individualizados para cada aluno. O sistema analisa grandes quantidades de dados, incluindo o desempenho dos alunos, os padrões de comportamento e as preferências sensoriais, para adaptar os conteúdos educativos e as estratégias de ensino. Os professores da Cumberland Academy referiram que a abordagem personalizada levou a um melhor envolvimento e desempenho académico dos alunos. Além disso, os pais observaram um progresso notável nas competências sociais e na regulação emocional dos seus filhos.

3. Duolingo: Revolucionando o aprendizado de idiomas

O Duolingo é uma plataforma de aprendizagem de línguas amplamente reconhecida que tira partido da IA para proporcionar um ensino personalizado de línguas. O seu sucesso é um testemunho do poder da IA na criação de experiências de aprendizagem envolventes e eficazes. A plataforma utiliza algoritmos de aprendizagem automática para adaptar as aulas ao nível de proficiência do utilizador, ao ritmo de aprendizagem e às áreas que necessitam de ser melhoradas.

Um estudo de caso de uma escola pública na Pensilvânia destacou o impacto do Duolingo nos alunos de inglês (ELL). A escola incorporou o Duolingo no seu programa ELL, o que resultou num aumento de 20% nas pontuações de proficiência linguística ao longo de um ano letivo. Os alunos consideraram a abordagem de aprendizagem gamificada altamente motivadora, enquanto os professores apreciaram os relatórios de progresso detalhados que lhes permitiram fornecer apoio direcionado.

4. Smart Sparrow: Aprendizagem personalizada no ensino superior

O Smart Sparrow é uma plataforma de e-learning adaptativa que tem sido implementada com sucesso no ensino superior para proporcionar experiências de aprendizagem personalizadas. Na Arizona State University (ASU), o Smart Sparrow foi utilizado num curso introdutório de biologia para criar módulos de aprendizagem interactivos e adaptáveis.

O estudo de caso revelou que os alunos que utilizaram os módulos adaptativos do Smart Sparrow tiveram um desempenho significativamente melhor nos exames do que aqueles que seguiram os métodos de aprendizagem tradicionais. A capacidade da plataforma para fornecer feedback em tempo real e ajustar o conteúdo com base nas respostas dos alunos foi particularmente benéfica. A ASU informou que a taxa de desistência do curso diminuiu em 15% e os índices de satisfação dos alunos aumentaram, destacando a eficácia da plataforma na melhoria da experiência de aprendizagem.

5. Century Tech: Educação baseada em dados no Reino Unido

A Century Tech é uma plataforma educativa orientada para a IA que combina a ciência da aprendizagem, a IA e a neurociência para criar percursos de aprendizagem personalizados para os alunos. A sua implementação em várias escolas do Reino Unido tem revelado resultados notáveis.

Um desses estudos de caso é o da Epsom and Ewell High School, onde a Century Tech foi integrada no currículo de disciplinas como matemática, ciências e inglês. A plataforma forneceu aos professores análises detalhadas sobre o desempenho dos alunos, permitindo intervenções baseadas em dados. A escola relatou uma melhoria de 25% nas notas dos alunos e um aumento significativo no envolvimento e motivação dos alunos. Os professores também descobriram que a plataforma reduziu a sua carga de trabalho através da automatização de tarefas de rotina, permitindo-lhes concentrar-se mais na interação direta com os alunos.

6. Squirrel AI: tutoria com recurso a IA na China

A Squirrel AI é uma empresa inovadora que desenvolveu um sistema de tutoria baseado em IA, amplamente utilizado na China. O sistema oferece aulas particulares, simulando os benefícios dos tutores pessoais, adaptando-se às necessidades individuais de aprendizagem de cada aluno.

Um estudo de caso numa escola secundária de Xangai demonstrou a eficácia da IA do Squirrel. Os alunos que utilizaram o tutor de IA registaram uma melhoria de 40% nas suas classificações nos testes ao longo de um semestre, em comparação com os seus colegas que receberam instrução tradicional. A capacidade do tutor de IA para fornecer feedback instantâneo e ajustar a dificuldade dos problemas em tempo real foi citada como um fator crítico para estas melhorias. Além disso, a plataforma ajudou a identificar lacunas de aprendizagem e concepções erradas que não eram facilmente detectáveis através de métodos de ensino convencionais.

7. Knewton: Aprendizagem adaptativa no ensino básico e secundário

A Knewton é uma plataforma de aprendizagem adaptativa utilizada em várias escolas do ensino básico e secundário para adaptar os conteúdos educativos às necessidades individuais dos alunos. A plataforma recolhe dados sobre as interacções dos alunos e utiliza-os para prever o desempenho, recomendar recursos e ajustar os percursos de aprendizagem.

Num estudo de caso realizado num distrito escolar urbano diversificado no Texas, a Knewton foi utilizada num programa piloto para aulas de ciências do ensino secundário. Os resultados foram impressionantes, com os alunos das turmas melhoradas com Knewton a superarem os seus pares numa média de 15% nas avaliações de fim de ano. Os professores referiram que as informações dos dados da Knewton os ajudaram a identificar precocemente os alunos com dificuldades e a efetuar intervenções específicas, o que contribuiu significativamente para os ganhos globais de desempenho.

CAPÍTULO 3

Aprendizagem personalizada através da IA

Ashwani Kumar

Escola de Engenharia e Tecnologia

K. R. Mangalam University, Gurugram, Haryana, Índia

Gaurav Kansal

Escola de Engenharia

ABES(IT), Ghaziabad, Uttar Pradesh, Índia

Introdução

A aprendizagem personalizada é uma abordagem pedagógica que tem como objetivo personalizar o ensino para cada aluno, tendo em conta os seus interesses, capacidades e estilos de aprendizagem únicos. Ao contrário dos métodos tradicionais de ensino de tamanho único, a aprendizagem personalizada utiliza a tecnologia e os dados para fornecer instruções e conteúdos adaptados às necessidades específicas de cada aluno. Esta abordagem ganhou uma atenção significativa nos últimos anos devido ao seu potencial para melhorar os resultados dos alunos, aumentar o envolvimento e responder às diversas necessidades dos alunos nas salas de aula actuais.

No centro da aprendizagem personalizada está o reconhecimento de que cada aluno aprende de forma diferente e ao seu próprio ritmo. Os sistemas de ensino tradicionais têm muitas vezes dificuldade em acomodar esta diversidade, levando a que os alunos fiquem para trás ou se desmotivem. A aprendizagem personalizada procura responder a estes desafios, fornecendo apoio individualizado e oportunidades para os alunos progredirem com base nas suas capacidades e interesses únicos.

Um dos principais componentes da aprendizagem personalizada é a instrução baseada em dados. Ao recolher e analisar dados sobre o desempenho, preferências e progresso dos alunos, os educadores podem obter informações valiosas sobre as necessidades de aprendizagem de cada aluno. Estes dados podem informar decisões sobre estratégias de ensino, seleção de conteúdos e estratégias de intervenção, permitindo que os professores adaptem a sua abordagem às necessidades de cada aluno.

A tecnologia desempenha um papel crucial na viabilização da aprendizagem personalizada. Plataformas de aprendizagem adaptativa, sistemas de tutoria inteligentes e ferramentas de análise de aprendizagem são apenas alguns exemplos de tecnologias que apoiam iniciativas de aprendizagem personalizada. Estas ferramentas utilizam algoritmos para analisar os dados dos alunos e fornecer recomendações personalizadas para actividades de ensino e prática. Por exemplo, uma plataforma de aprendizagem adaptativa pode ajustar o nível de dificuldade das tarefas com base no desempenho de um aluno, fornecendo apoio adicional ou enriquecimento conforme necessário.

Um dos principais benefícios da aprendizagem personalizada é o aumento do envolvimento dos alunos. Quando os alunos sentem que a sua experiência de aprendizagem é relevante para os seus interesses e necessidades, é mais provável que se sintam motivados e empenhados no processo de aprendizagem. Ao permitir que os alunos explorem tópicos que lhes interessam e progridam ao seu próprio ritmo, a aprendizagem personalizada promove um sentido de propriedade e de controlo sobre a sua educação.

Além disso, a aprendizagem personalizada tem o potencial de melhorar os resultados dos alunos ao colmatar as lacunas de conhecimentos e competências. Em vez de fazer avançar os alunos para o nível de ensino seguinte com base em calendários arbitrários, a aprendizagem personalizada permite que os alunos dominem conceitos fundamentais antes de passarem para material mais avançado. Isto pode ajudar a evitar que os alunos fiquem para trás e a reduzir a necessidade de correção posterior.

Outra vantagem da aprendizagem personalizada é a sua capacidade de acomodar diversas necessidades de aprendizagem. Os alunos com dificuldades de aprendizagem, os alunos que aprendem a língua inglesa e os alunos sobredotados podem todos beneficiar de abordagens de aprendizagem personalizadas que atendam aos seus pontos fortes e desafios únicos. Ao fornecer apoio individualizado e adaptações, a aprendizagem personalizada ajuda a garantir que todos os alunos tenham a oportunidade de ter sucesso.

No entanto, a aprendizagem personalizada não está isenta de desafios. A implementação de iniciativas de aprendizagem personalizada requer um investimento significativo em tecnologia, desenvolvimento profissional e recursos curriculares. Os professores precisam de formação e apoio para integrar eficazmente a tecnologia na sua instrução e utilizar os dados para informar a sua prática. Além disso, foram levantadas preocupações sobre a privacidade e segurança dos dados, uma vez que a aprendizagem personalizada se baseia na recolha e análise de informações sensíveis dos alunos.

Algoritmos de IA para avaliação e feedback dos alunos

No panorama da educação moderna, a integração da Inteligência Artificial (IA) revolucionou os métodos tradicionais de avaliação e feedback dos alunos. Longe vão os dias dos testes padronizados e das avaliações de tamanho único. Com o advento dos algoritmos de IA, os educadores têm agora à sua disposição ferramentas poderosas para personalizar a experiência de aprendizagem, fornecer feedback atempado e medir com precisão o progresso dos alunos.

O papel da IA na avaliação dos alunos: Os métodos tradicionais de avaliação dos alunos baseiam-se frequentemente em testes padronizados, questionários e trabalhos, que podem não refletir com precisão as necessidades e capacidades de aprendizagem individuais. Os algoritmos de IA oferecem uma mudança de paradigma, permitindo técnicas de avaliação adaptativas adaptadas aos pontos fortes e fracos de cada aluno. Estes algoritmos analisam grandes quantidades de dados, incluindo o desempenho dos alunos, padrões de aprendizagem e níveis de envolvimento, para gerar avaliações personalizadas em tempo real.

Uma das principais vantagens da avaliação baseada em IA é a sua capacidade de fornecer feedback instantâneo aos alunos. Em vez de esperar dias ou semanas pelas notas, os alunos recebem informações imediatas sobre o seu desempenho, o que lhes permite identificar áreas de melhoria e tomar medidas correctivas imediatamente. Este feedback atempado promove uma mentalidade de crescimento, incentivando os alunos a encarar os erros como oportunidades de aprendizagem e desenvolvimento.

Tipos de algoritmos de IA para a avaliação dos alunos: Os algoritmos de IA englobam uma variedade de técnicas e abordagens para a avaliação dos alunos, cada uma servindo propósitos e objectivos distintos. Alguns tipos comuns incluem:

Avaliação baseada na aprendizagem automática: Os algoritmos de aprendizagem automática analisam os dados históricos dos alunos para identificar padrões e tendências nos resultados da aprendizagem. Ao tirar partido da análise preditiva, estes algoritmos podem prever o desempenho futuro e recomendar percursos de aprendizagem personalizados para cada aluno.

Processamento de linguagem natural (PNL) para avaliação de ensaios: Os algoritmos de PNL avaliam trabalhos escritos, ensaios e respostas abertas, avaliando a gramática, a coerência e a relevância do conteúdo. Estes algoritmos podem fornecer feedback detalhado sobre o estilo de escrita, argumentação e competências de pensamento crítico, melhorando a qualidade do trabalho dos alunos.

Visão computacional para avaliações visuais: Os algoritmos de visão computacional analisam dados visuais, tais como diagramas, quadros e gráficos, para avaliar a compreensão dos conceitos visuais por parte dos alunos. Ao interpretar representações visuais, estes algoritmos podem identificar ideias erradas e fornecer feedback direcionado para melhorar a compreensão concetual.

Sistemas de teste adaptativos: Os algoritmos de teste adaptativo ajustam dinamicamente o nível de dificuldade das perguntas com base nas respostas individuais dos alunos. Ao adaptarem-se continuamente ao desempenho de cada aluno, estes algoritmos garantem que as avaliações são desafiantes mas exequíveis, optimizando os resultados da aprendizagem.

Benefícios da avaliação e do feedback orientados para a IA: A integração de algoritmos de IA na avaliação e no feedback dos alunos oferece uma miríade de vantagens tanto para os educadores como para os alunos:

Personalização: Os algoritmos de IA adaptam as avaliações às preferências, capacidades e ritmo de aprendizagem de cada aluno, promovendo experiências de aprendizagem personalizadas.

Feedback atempado: O feedback instantâneo permite que os alunos resolvam imediatamente as ideias erradas e as lacunas de compreensão, o que conduz a melhores resultados de aprendizagem.

Eficiência: Os processos de avaliação automatizados simplificam a classificação e o fornecimento de feedback, libertando tempo valioso para os educadores se concentrarem nas actividades de ensino.

Percepções baseadas em dados: Os algoritmos de IA geram informações accionáveis sobre as tendências de desempenho dos alunos, os padrões de aprendizagem e as áreas de intervenção, permitindo que os educadores tomem decisões de instrução informadas.

Envolvimento: As plataformas de avaliação interactiva alimentadas por algoritmos de IA aumentam o envolvimento e a motivação dos alunos, proporcionando experiências de aprendizagem interactivas e imersivas.

Desafios e considerações: Apesar das numerosas vantagens da avaliação baseada na IA, há vários desafios e considerações a ter em conta para garantir a sua aplicação efectiva:

Preconceito e equidade: Os algoritmos de IA podem, inadvertidamente, perpetuar preconceitos inerentes aos dados de formação, conduzindo a resultados injustos ou discriminatórios. É essencial mitigar o enviesamento através da transparência algorítmica, de avaliações de equidade e de dados de formação sensíveis à diversidade.

Privacidade e segurança: A recolha e análise de dados dos alunos suscita preocupações sobre a privacidade e a segurança dos dados. Os educadores devem aderir a regulamentos de privacidade rigorosos e a directrizes éticas para proteger as informações sensíveis dos alunos.

Interpretabilidade dos algoritmos: A complexidade dos algoritmos de IA pode dificultar a capacidade dos educadores para interpretar e confiar nos resultados da avaliação. Aumentar a transparência e a explicabilidade dos algoritmos é crucial para promover a confiança nos sistemas de avaliação baseados em IA.

Integração com sistemas existentes: A integração de ferramentas de avaliação baseadas em IA nos sistemas e fluxos de trabalho educativos existentes exige um planeamento e uma colaboração cuidadosos. Os educadores precisam de formação e apoio adequados para tirar partido da IA de forma eficaz nas suas práticas de ensino.

Implicações e inovações futuras: À medida que a tecnologia de IA continua a avançar, o futuro da avaliação dos alunos encerra um imenso potencial de inovação e transformação. Algumas tendências e desenvolvimentos emergentes incluem:

Percursos de aprendizagem personalizados: Os algoritmos de IA irão adaptar cada vez mais os percursos de aprendizagem às necessidades, preferências e objectivos de aprendizagem individuais de cada aluno, maximizando os resultados de aprendizagem e o envolvimento.

Avaliação multimodal: A integração de múltiplas modalidades, como texto, áudio e vídeo, nas tarefas de avaliação proporcionará uma compreensão mais holística da aprendizagem e das capacidades dos alunos.

Sistemas de feedback adaptáveis: Os sistemas de feedback alimentados por IA evoluirão para fornecer feedback personalizado e sensível ao contexto, que aborda as concepções incorrectas e as lacunas de aprendizagem específicas dos alunos.

Práticas éticas de IA: O desenvolvimento e a adoção de quadros e orientações éticos em matéria de IA garantirão que os sistemas de avaliação orientados para a IA dão prioridade à justiça, à transparência e à equidade na educação.

Plataformas de aprendizagem adaptativa

As plataformas de aprendizagem adaptativa representam uma abordagem inovadora à educação, tirando partido da inteligência artificial (IA) e dos algoritmos de aprendizagem automática para proporcionar experiências de aprendizagem personalizadas, adaptadas às necessidades e capacidades únicas de cada aluno. Estas plataformas têm o potencial de revolucionar a educação, abordando os desafios da instrução tradicional de tamanho único e oferecendo uma forma mais eficiente e eficaz de envolver os alunos, melhorar os resultados da aprendizagem e promover o sucesso académico.

As plataformas de aprendizagem adaptativa funcionam com base no princípio fundamental da adaptabilidade, em que a experiência de aprendizagem se ajusta dinamicamente em resposta às interacções, progresso e desempenho do aluno. Ao aproveitar o poder da análise de dados e da modelação preditiva, estas plataformas podem identificar as preferências individuais de aprendizagem, os pontos fortes e fracos e as áreas a melhorar, permitindo a entrega de conteúdos, ritmos e mecanismos de apoio personalizados.

Uma das principais características das plataformas de aprendizagem adaptativa é a sua capacidade de fornecer feedback e avaliação em tempo real. Através da avaliação contínua das respostas dos alunos e das métricas de desempenho, estas plataformas podem medir com precisão a compreensão e o domínio dos conceitos, identificar conceitos errados ou lacunas no conhecimento e oferecer intervenções ou correcções específicas. Este ciclo de feedback imediato não só ajuda os alunos a manterem-se no caminho certo, como também dá aos educadores informações accionáveis para fundamentar as suas decisões de ensino e estratégias de apoio.

Além disso, as plataformas de aprendizagem adaptativa oferecem um percurso de aprendizagem personalizado para cada aluno, permitindo-lhes progredir ao seu próprio ritmo e concentrar-se nas áreas de necessidade. Em vez de aderir a um currículo ou cronograma rígido, os alunos podem envolver-se com conteúdos especificamente seleccionados para satisfazer os seus objectivos e metas de aprendizagem individuais. Esta abordagem personalizada não só aumenta a motivação e o envolvimento, como também promove uma compreensão e retenção mais profundas do material, conduzindo a um melhor desempenho académico e ao sucesso a longo prazo.

Uma das vantagens mais significativas das plataformas de aprendizagem adaptativa é a sua capacidade de atender a diversos estilos e preferências de aprendizagem. Quer sejam visuais, auditivas, cinestésicas ou uma combinação destas, estas plataformas podem adaptar a apresentação do conteúdo e as estratégias de ensino para se alinharem com o modo de aprendizagem preferido do aluno. Esta flexibilidade garante que todos os alunos tenham acesso a materiais e recursos didácticos que correspondam às suas necessidades de aprendizagem específicas, promovendo um ambiente de aprendizagem mais inclusivo e equitativo.

Além disso, as plataformas de aprendizagem adaptativa facilitam o ensino diferenciado, permitindo aos educadores responder às necessidades individuais de cada aluno numa sala de aula heterogénea. Ao fornecer percursos de aprendizagem personalizados e mecanismos de apoio, estas plataformas permitem que os professores diferenciem eficazmente a instrução, facilitem as experiências de aprendizagem e adaptem-se a diferentes níveis de preparação e capacidade. Esta abordagem personalizada maximiza as oportunidades de aprendizagem para todos os alunos, independentemente dos seus antecedentes, conhecimentos prévios ou desafios de aprendizagem.

Para além de apoiar a aprendizagem dos alunos, as plataformas de aprendizagem adaptativa também oferecem informações e análises valiosas para educadores e administradores. Ao analisar os dados de desempenho dos alunos e os padrões de utilização, estas plataformas podem gerar relatórios e painéis de controlo abrangentes que destacam tendências, identificam áreas de melhoria e orientam a tomada de decisões baseadas em dados a nível da sala de aula, da escola e do distrito. Esta inteligência acionável permite que os educadores monitorizem o progresso dos alunos, acompanhem o crescimento ao longo do tempo e implementem intervenções direccionadas para apoiar os alunos com dificuldades ou desafiar eficazmente os alunos com melhores resultados.

No entanto, apesar das inúmeras vantagens e potencialidades das plataformas de aprendizagem adaptativa, há que ter em conta vários desafios e considerações para garantir o êxito da sua implementação e adoção. Um desses desafios é a necessidade de infra-estruturas adequadas e de apoio tecnológico, incluindo conetividade fiável à Internet, dispositivos de hardware e aplicações de software. Além disso, pode haver preocupações relativamente à privacidade dos dados, à segurança e às implicações éticas associadas à recolha e análise dos dados dos alunos no âmbito destas plataformas.

Além disso, a eficácia das plataformas de aprendizagem adaptativa depende em grande medida da qualidade e da exatidão dos algoritmos e modelos de previsão subjacentes. Por conseguinte, a investigação, o desenvolvimento e a validação contínuos são essenciais para aperfeiçoar estes algoritmos, melhorar a precisão das previsões e aumentar a eficácia global destas plataformas. Além disso, é crucial proporcionar aos educadores desenvolvimento profissional e formação para integrarem eficazmente as plataformas de aprendizagem adaptativa nas suas práticas de ensino e tirarem partido de todo o seu potencial.

Os benefícios transformadores da aprendizagem personalizada

No panorama em constante evolução da educação, a aprendizagem personalizada destaca-se como um farol de inovação, prometendo experiências educativas adaptadas que atendem às necessidades, preferências e ritmo individuais dos alunos. Esta mudança de paradigma, de uma abordagem única para uma abordagem mais personalizada, tem um enorme potencial para revolucionar a forma como ensinamos e aprendemos.

A aprendizagem personalizada transcende o modelo tradicional de sala de aula, ao adotar os diversos perfis de aprendizagem dos alunos. Na sua essência, reconhece que não há dois alunos iguais, cada um possuindo pontos fortes, pontos fracos, interesses e estilos de aprendizagem únicos. Ao tirar partido de tecnologias avançadas, como a inteligência artificial, a análise de dados e os algoritmos adaptativos, as plataformas de aprendizagem personalizada permitem que os educadores adaptem os conteúdos de ensino, o ritmo e as avaliações às necessidades individuais dos alunos. Esta abordagem individualizada promove um ambiente de aprendizagem mais dinâmico e reativo, onde os alunos estão ativamente envolvidos e motivados para o sucesso.

Um dos principais benefícios da aprendizagem personalizada é a sua capacidade de aumentar o envolvimento dos alunos. Ao apresentar o conteúdo de uma forma que se enquadra nos interesses e preferências de cada aluno, a aprendizagem personalizada cultiva um sentido de propriedade e de ação no processo de aprendizagem. Os alunos sentem-se mais empenhados na sua educação quando podem abordar tópicos que cativam a sua curiosidade e explorar actividades de aprendizagem que se alinham com as suas paixões. Como resultado, as salas de aula tornam-se centros vibrantes de exploração e descoberta, onde os alunos estão ansiosos por participar, colaborar e assumir a propriedade do seu percurso de aprendizagem.

Além disso, foi demonstrado que a aprendizagem personalizada melhora o desempenho académico de diversas populações de alunos. Ao adaptar a instrução para corresponder às necessidades individuais de aprendizagem e ao ritmo, a aprendizagem personalizada minimiza o risco de os alunos ficarem para trás ou desinteressados. Os alunos recebem apoio direcionado e andaimes precisamente quando e onde precisam, permitindo-lhes compreender conceitos complexos de forma mais eficaz e construir uma base sólida de conhecimentos e competências. Além disso, a aprendizagem personalizada permite uma intervenção e remediação atempadas, garantindo que os alunos com dificuldades recebem o apoio de que necessitam para ultrapassar obstáculos e ter sucesso académico.

Para além de aumentar os resultados académicos, a aprendizagem personalizada fomenta as competências essenciais do século XXI, tais como o pensamento crítico, a resolução de problemas e a aprendizagem auto-regulada. Ao incentivar os alunos a apropriarem-se do seu processo de aprendizagem, a estabelecerem objectivos e a monitorizarem o seu progresso, a aprendizagem personalizada cultiva a consciência metacognitiva e as competências de função executiva. Os alunos tornam-se mais hábeis na gestão do seu tempo, dos seus recursos e das suas estratégias de aprendizagem, o que lhes permite tornarem-se aprendentes ao longo da vida, capazes de enfrentar desafios complexos e de se adaptarem a novos contextos.

Além disso, a aprendizagem personalizada promove a inclusão e a equidade, reconhecendo e acomodando as diversas necessidades de todos os alunos, incluindo os que têm deficiências, os que aprendem a língua inglesa e os alunos de comunidades carenciadas. Ao fornecer apoio e adaptações à medida, a aprendizagem personalizada garante que todos os alunos têm a oportunidade de ser bem sucedidos, independentemente da sua origem ou circunstâncias. Esta abordagem inclusiva promove uma cultura de diversidade e aceitação, onde todos os alunos se sentem valorizados, apoiados e capacitados para atingir o seu potencial máximo.

Outro benefício fundamental da aprendizagem personalizada é a sua capacidade de promover ligações mais profundas entre educadores e alunos. Ao tirar partido da tecnologia para recolher e analisar dados em tempo real sobre o desempenho e o envolvimento dos alunos, as plataformas de aprendizagem personalizada fornecem aos educadores informações valiosas sobre o percurso de aprendizagem de cada aluno. Os educadores podem utilizar estes dados para personalizar a instrução, fornecer feedback direcionado e oferecer apoio atempado, reforçando assim as suas relações com os alunos e promovendo uma comunidade de aprendizagem colaborativa.

Além disso, a aprendizagem personalizada incentiva os alunos a apropriarem-se do seu percurso de aprendizagem e a tornarem-se participantes activos no processo educativo. Ao proporcionar aos alunos autonomia e agência, a aprendizagem personalizada permite-lhes explorar os seus interesses, definir objectivos e procurar experiências de aprendizagem que estejam de acordo com as suas aspirações. Este sentido de apropriação promove a motivação intrínseca e uma mentalidade de crescimento, incutindo nos alunos um amor pela aprendizagem ao longo da vida e uma vontade de abraçar desafios e persistir perante a adversidade.

A aprendizagem personalizada é extremamente promissora como uma abordagem transformadora da educação que dá prioridade às necessidades, interesses e pontos fortes únicos de cada aluno. Ao fomentar o envolvimento dos alunos, melhorar o desempenho académico, fomentar as competências do século XXI, promover a inclusão e a equidade, reforçar as relações entre educadores e alunos e capacitar os alunos para se apropriarem do seu percurso de aprendizagem, a aprendizagem personalizada abre caminho a uma experiência educativa mais dinâmica, reactiva e centrada no aluno. À medida que continuamos a aproveitar o poder das tecnologias avançadas e das pedagogias inovadoras, a aprendizagem personalizada está preparada para revolucionar o futuro da educação, libertando todo o potencial de cada aluno.

CAPÍTULO 4

Tutores de IA e assistentes de aprendizagem
Sudesh Singh

Departamento de Informática

NIET, Greater Noida, Uttar Pradesh, Índia

Ashwani Kumar

Escola de Engenharia e Tecnologia

K. R. Mangalam University, Gurugram, Haryana, Índia

Introdução

A Inteligência Artificial (IA) transformou significativamente vários sectores, e a educação não é exceção. Entre as muitas inovações que a IA introduziu, os tutores de IA destacam-se como um desenvolvimento revolucionário. Estes sistemas inteligentes foram concebidos para melhorar as experiências de aprendizagem, oferecendo apoio personalizado e adaptável aos estudantes. Esta secção analisa as capacidades dos tutores de IA, os seus benefícios e o seu impacto no panorama educativo.

Experiências de aprendizagem personalizadas

Uma das principais capacidades dos tutores de IA é a capacidade de proporcionar experiências de aprendizagem personalizadas. As salas de aula tradicionais têm muitas vezes dificuldade em satisfazer as necessidades individuais de cada aluno devido à diversidade de ritmos e estilos de aprendizagem. Os tutores de IA enfrentam este desafio adaptando o conteúdo educativo e o ritmo às necessidades únicas de cada aluno. Através da avaliação e análise contínuas do desempenho de um aluno, estes sistemas podem identificar os pontos fortes e fracos, ajustando a dificuldade e o tipo de conteúdo em conformidade.

Feedback e assistência em tempo real

Os tutores de IA oferecem feedback em tempo real, uma caraterística que melhora significativamente o processo de aprendizagem. Ao contrário dos professores humanos, que podem nem sempre estar disponíveis para prestar assistência imediata, os tutores de IA estão acessíveis 24 horas por dia, 7 dias por semana. Esta disponibilidade constante garante que os alunos podem receber apoio imediato quando se deparam com dificuldades. O feedback em tempo real ajuda a corrigir prontamente os erros, a reforçar a aprendizagem e a evitar a consolidação de ideias erradas.

Percursos de aprendizagem adaptativos

A adaptabilidade dos tutores de IA é outra capacidade notável. Estes sistemas podem ajustar dinamicamente o percurso de aprendizagem com base nos progressos e no desempenho do aluno. Por exemplo, se um aluno se destaca num determinado tópico, o tutor de IA pode introduzir conceitos mais avançados para o desafiar ainda mais. Por outro lado, se um aluno tiver dificuldades, o tutor pode fornecer recursos adicionais, exercícios práticos e conteúdos correctivos para garantir a compreensão antes de avançar. Esta adaptabilidade garante que cada aluno se mantém empenhado e não é sobrecarregado nem pouco desafiado.

Conteúdo interativo e envolvente

Os tutores de IA incorporam frequentemente elementos interactivos para tornar a aprendizagem mais cativante. Podem utilizar conteúdos multimédia, como vídeos, animações e simulações interactivas, para explicar conceitos complexos. Os elementos de gamificação, como questionários, puzzles e sistemas de recompensa, também são normalmente utilizados para motivar os alunos e tornar a experiência de aprendizagem agradável. Ao apresentar a informação em diversos formatos, os tutores de IA satisfazem as diferentes preferências de aprendizagem, sejam elas visuais, auditivas ou cinestésicas.

Processamento de linguagem natural (PNL)

O processamento de linguagem natural (PNL) é uma componente essencial dos tutores de IA, permitindo-lhes compreender e responder às perguntas dos alunos em linguagem natural. Esta capacidade permite que os alunos interajam com o tutor utilizando uma linguagem de conversação, tornando o processo de aprendizagem mais intuitivo e menos intimidante. A PNL ajuda a decompor instruções complexas, a responder a perguntas e a estabelecer um diálogo significativo com os alunos, simulando uma experiência de tutoria semelhante à humana.

Insights baseados em dados

Os tutores de IA recolhem e analisam grandes quantidades de dados sobre o desempenho dos alunos. Esta abordagem baseada em dados fornece informações valiosas sobre os padrões de aprendizagem, permitindo aos educadores compreender a forma como os alunos interagem com o material. Estas informações podem servir de base ao desenvolvimento do currículo, destacando as áreas que necessitam de mais atenção e as estratégias de ensino mais eficazes. Além disso, a análise de dados ajuda a identificar precocemente os alunos em risco, permitindo uma intervenção e apoio atempados.

Escalabilidade e acessibilidade

Uma das vantagens mais significativas dos tutores de IA é a sua escalabilidade. Ao contrário dos tutores humanos, que só podem ensinar um número limitado de alunos de cada vez, os tutores de IA podem ajudar simultaneamente um número ilimitado de alunos. Esta escalabilidade torna o ensino de alta qualidade acessível a um público mais vasto, incluindo os que se encontram em zonas remotas ou mal servidas. Os tutores de IA colmatam o fosso da desigualdade educativa, fornecendo apoio personalizado aos alunos, independentemente da localização geográfica ou do estatuto socioeconómico.

Apoio consistente e imparcial

Os tutores de IA oferecem um apoio consistente e imparcial, garantindo que todos os alunos recebem a mesma atenção e oportunidades. Os tutores humanos, apesar dos seus melhores esforços, podem, por vezes, apresentar preconceitos ou inconsistências no seu ensino. Os sistemas de IA, por outro lado, funcionam com base em algoritmos predefinidos que prestam uma assistência uniforme a todos os alunos. Esta objetividade é crucial para criar um ambiente de aprendizagem justo e inclusivo.

Conhecimento especializado no assunto

Os tutores de IA podem ser programados com conhecimentos alargados sobre vários temas e disciplinas. Esta especialização permite-lhes fornecer orientação especializada em áreas em que os tutores humanos podem não ter proficiência. Por exemplo, um tutor de IA pode ajudar em tópicos avançados de matemática, ciências ou línguas estrangeiras, fornecendo explicações exactas e resolvendo problemas complexos. A amplitude de conhecimentos que estes sistemas possuem torna-os ferramentas versáteis em diversos contextos educativos.

Melhoria e aprendizagem contínuas

Os tutores de IA são concebidos para melhorar continuamente o seu desempenho através da aprendizagem automática. Aprendem com as interacções com os alunos, aperfeiçoando os seus algoritmos para prestar um melhor apoio ao longo do tempo. Este processo de aprendizagem contínua garante que os tutores de IA se mantêm actualizados com as mais recentes práticas educativas e podem adaptar-se à evolução das necessidades dos alunos. À medida que mais dados são recolhidos e analisados, a precisão e a eficácia destes sistemas aumentam, melhorando a sua capacidade global.

Integração com o ensino tradicional

Embora os tutores de IA ofereçam inúmeras vantagens, não se destinam a substituir os professores humanos, mas sim a complementá-los. A integração dos tutores de IA nos métodos de ensino tradicionais cria um ambiente de aprendizagem mista em que a tecnologia e os conhecimentos humanos trabalham em sinergia. Os professores podem tirar partido dos tutores de IA para lidar com tarefas repetitivas, prestar apoio adicional aos alunos e obter informações a partir da análise de dados. Esta colaboração permite que os professores se concentrem em aspectos mais importantes da educação, como a orientação, a promoção da criatividade e a resposta às necessidades individuais dos alunos.

Perspectivas futuras

O futuro dos tutores de IA tem um potencial imenso. Com o avanço da tecnologia, estes sistemas tornar-se-ão ainda mais sofisticados, oferecendo níveis mais profundos de personalização e experiências de aprendizagem mais interactivas. A integração da realidade virtual e aumentada poderá criar ambientes educativos imersivos, aumentando ainda mais o envolvimento e a compreensão. Além disso, os avanços na ética da IA e na privacidade dos dados garantirão que estes sistemas funcionem de forma transparente e responsável, salvaguardando a informação dos alunos e promovendo a confiança.

Comparação dos tutores de IA com a tutoria tradicional

O panorama da educação está a sofrer uma mudança transformadora com o advento da inteligência artificial (IA). Entre os desenvolvimentos mais intrigantes está o aparecimento de tutores de IA, que prometem revolucionar a forma como os alunos aprendem e os professores ensinam. No entanto, para apreciar plenamente o impacto dos tutores de IA, é essencial compará-los com os métodos tradicionais de tutoria. Esta comparação revela vantagens e desafios distintos associados a cada abordagem, proporcionando uma compreensão abrangente do seu papel no ensino moderno.

Personalização e adaptabilidade

Uma das vantagens mais significativas dos tutores de IA em relação aos tutores tradicionais é a sua capacidade de oferecer experiências de aprendizagem altamente personalizadas. Os tutores de IA utilizam algoritmos sofisticados para analisar o estilo de aprendizagem, o ritmo e as áreas de dificuldade de um aluno. Esta análise permite que os sistemas de IA adaptem as aulas e os exercícios a cada indivíduo, assegurando que a instrução é optimizada para uma eficácia máxima. Por exemplo, se um aluno tiver dificuldades com um determinado conceito matemático, o tutor de IA pode fornecer problemas práticos adicionais e explicações adaptadas às necessidades específicas desse aluno.

Em contrapartida, os tutores tradicionais, embora capazes de personalizar o ensino até certo ponto, estão limitados por condicionalismos humanos. Podem nem sempre ser capazes de identificar com precisão os pontos fracos de um aluno ou adaptar os seus métodos de ensino de forma tão dinâmica como um sistema de IA. Além disso, a abordagem personalizada dos tutores de IA garante consistência e objetividade, sem preconceitos ou fadiga humana.

Disponibilidade e acessibilidade

Os tutores de IA oferecem uma disponibilidade e acessibilidade sem paralelo. Estão disponíveis 24 horas por dia, 7 dias por semana, permitindo que os alunos acedam à ajuda sempre que precisarem, independentemente da hora ou do local. Isto é particularmente benéfico para os alunos que podem ter horários irregulares ou que precisam de assistência imediata fora do horário regular de aulas particulares. Além disso, os tutores de IA podem servir os alunos em áreas remotas ou mal servidas, onde o acesso a tutores humanos de qualidade pode ser limitado.

Os tutores tradicionais, por outro lado, estão limitados pelos seus horários e restrições geográficas. Embora possam proporcionar uma interação cara a cara inestimável e um feedback imediato, a sua disponibilidade está limitada a horários e locais específicos. Esta limitação pode constituir um obstáculo significativo para os estudantes que necessitam de opções de aprendizagem mais flexíveis.

Coerência e qualidade da instrução

Os tutores de IA proporcionam um nível de consistência na instrução que pode ser difícil de igualar para os tutores humanos. Os sistemas de IA fornecem a mesma qualidade de tutoria em cada sessão, garantindo que os alunos recebem uma experiência educativa fiável. Esta consistência é particularmente importante em disciplinas que exigem um elevado grau de precisão e exatidão, como a matemática e as ciências.

Os tutores tradicionais, apesar da sua experiência e toque pessoal, podem por vezes variar na qualidade do ensino devido a factores como o humor, a saúde e as pressões externas. No entanto, os tutores humanos podem oferecer feedback diferenciado e adaptar os seus estilos de ensino com base em interacções em tempo real e na inteligência emocional, algo que os tutores de IA têm atualmente dificuldade em reproduzir.

Custo e escalabilidade

A relação custo-eficácia dos tutores de IA é outra vantagem significativa. Uma vez desenvolvidos e implementados, os sistemas de tutoria de IA podem servir um número ilimitado de estudantes a um custo relativamente baixo. Esta escalabilidade torna os tutores de IA uma opção atractiva para as instituições de ensino e os governos que procuram melhorar o acesso a um ensino de qualidade sem incorrer em despesas proibitivas.

Por outro lado, a tutoria tradicional pode ser dispendiosa, especialmente para sessões individuais com tutores altamente qualificados. O custo da tutoria humana pode limitar a sua acessibilidade, especialmente para os estudantes de famílias com baixos rendimentos. Além disso, o escalonamento do ensino tradicional para satisfazer as necessidades de uma grande população de estudantes é logisticamente difícil e dispendioso.

Interação emocional e social

Uma área em que os tutores tradicionais se destacam é a da interação emocional e social. Os tutores humanos podem oferecer empatia, encorajamento e motivação, que são componentes essenciais de um ensino e aprendizagem eficazes. Conseguem estabelecer uma relação com os alunos, criando um ambiente de aprendizagem de apoio e confiança. Esta ligação humana pode aumentar a confiança e o empenho do aluno, tornando a aprendizagem uma experiência mais agradável e significativa.

Os tutores de IA, embora avançados em muitos aspectos, não têm a capacidade de compreender e responder verdadeiramente às necessidades emocionais dos alunos. Embora alguns sistemas de IA incorporem elementos básicos de interação social, como avatares virtuais e processamento de linguagem natural, não conseguem reproduzir a profundidade da empatia humana e a compreensão diferenciada que advém da interação humana real. Esta limitação significa que os tutores de IA podem não ser tão eficazes na abordagem dos aspectos emocionais e psicológicos da aprendizagem.

Feedback e avaliação

Os tutores de IA são excelentes no fornecimento de feedback imediato e baseado em dados. Podem avaliar rapidamente o desempenho de um aluno, identificar erros e oferecer orientação correctiva. Este ciclo de feedback rápido ajuda os alunos a compreender os seus erros e a aprender de forma mais eficiente. Além disso, os sistemas de IA podem acompanhar o progresso de um aluno ao longo do tempo, fornecendo análises e informações detalhadas que podem informar planos de aprendizagem personalizados.

Os tutores tradicionais também fornecem um feedback valioso, mas as suas avaliações baseiam-se muitas vezes em observações subjectivas e podem demorar mais tempo a serem dadas. No entanto, os tutores humanos podem oferecer um feedback mais diferenciado que tem em conta o contexto individual do aluno e o seu historial de aprendizagem. Este toque personalizado pode ser particularmente importante em disciplinas que exigem pensamento crítico e criatividade.

Integração com a aprendizagem na sala de aula

Os tutores de IA podem ser integrados sem problemas em ambientes de aprendizagem na sala de aula. Podem complementar o ensino tradicional, proporcionando prática e apoio adicionais fora das aulas. Os sistemas de IA também podem fornecer aos professores informações valiosas sobre o progresso dos seus alunos, ajudando-os a adaptar a sua instrução para melhor satisfazer as necessidades dos seus alunos.

Os tutores tradicionais, embora eficazes, funcionam muitas vezes separadamente do ambiente da sala de aula. A coordenação entre professores e tutores pode ser difícil, levando a potenciais lacunas ou sobreposições na instrução. No entanto, quando eficazmente integrados, os tutores tradicionais podem prestar um apoio direcionado que complementa a aprendizagem na sala de aula.

Implementação em várias disciplinas e níveis

A integração da inteligência artificial (IA) na educação está a revolucionar a forma como as matérias são ensinadas e aprendidas nos diferentes níveis de ensino. Desde o ensino primário ao ensino superior, a IA está a criar experiências de aprendizagem personalizadas e adaptáveis que satisfazem as diversas necessidades dos alunos.

Ensino primário: Lançar as bases com a IA

No ensino primário, as ferramentas de IA estão a ser utilizadas para criar experiências de aprendizagem envolventes e interactivas. Uma das principais vantagens da IA neste contexto é a sua capacidade de proporcionar percursos de aprendizagem personalizados aos jovens estudantes. Por exemplo, as plataformas de aprendizagem adaptativa baseadas em IA, como a DreamBox e a Smart Sparrow, analisam o desempenho dos alunos em tempo real, ajustando o nível de dificuldade dos exercícios com base no progresso individual. Isto garante que os alunos não se aborrecem com tarefas demasiado fáceis nem ficam sobrecarregados com desafios demasiado difíceis.

Em disciplinas como a matemática, os tutores de IA podem oferecer orientação passo a passo e feedback instantâneo, ajudando os alunos a compreender conceitos fundamentais através da prática e da repetição. Do mesmo modo, nas artes da linguagem, os assistentes de leitura orientados por IA podem ajudar os alunos a desenvolver as suas competências de leitura, fornecendo recomendações personalizadas, destacando áreas a melhorar e oferecendo exercícios de leitura interactivos.

A IA está também a ser utilizada para introduzir os alunos do ensino primário nas noções básicas de codificação e pensamento computacional. Ferramentas como o Scratch e o Code.org utilizam a IA para criar exercícios de programação interactivos e divertidos que são acessíveis aos jovens alunos. Estas plataformas não só ensinam competências de programação, como também fomentam a capacidade de resolução de problemas e o raciocínio lógico.

Ensino secundário: Melhorar a aprendizagem específica da disciplina

No ensino secundário, o papel da IA torna-se mais especializado, atendendo ao currículo diversificado dos alunos do ensino básico e secundário. As ferramentas de IA estão a ser integradas numa variedade de disciplinas para melhorar os resultados de aprendizagem e o envolvimento.

Matemática e ciências: Plataformas orientadas por IA, como Knewton e Carnegie Learning, fornecem instrução matemática personalizada, adaptada aos pontos fortes e fracos de cada aluno. Estas plataformas utilizam a análise de dados para identificar lacunas no conhecimento e oferecem exercícios específicos para as colmatar. Na área das ciências, os laboratórios virtuais e as simulações com recurso a IA permitem aos alunos realizar experiências e explorar conceitos científicos num ambiente imersivo e sem riscos. Ferramentas como o Labster e o PhET Interactive Simulations fornecem simulações interactivas que melhoram a compreensão de fenómenos científicos complexos.

Humanidades e ciências sociais: Em disciplinas como a história e a geografia, a IA pode criar conteúdos interactivos e ricos em multimédia que tornam a aprendizagem mais cativante. As aplicações de realidade virtual (RV) e de realidade aumentada (RA), como o Google Expeditions, permitem que os alunos façam visitas de estudo virtuais a locais históricos e explorem diferentes culturas e ecossistemas, proporcionando uma compreensão mais profunda da matéria.

Aprendizagem de línguas: A IA está a transformar o ensino de línguas, proporcionando uma prática linguística personalizada e feedback. Plataformas como o Duolingo e o Rosetta Stone utilizam a IA para adaptar as aulas com base no progresso do aluno, oferecendo exercícios específicos e correcções instantâneas. Estas ferramentas ajudam os alunos a praticar as capacidades de falar, ouvir, ler e escrever numa nova língua, tornando a aprendizagem de línguas mais eficaz e agradável.

Ensino superior: Ensino Especializado e Avançado

No ensino superior, a IA está a facilitar a aprendizagem avançada e especializada em várias disciplinas. As universidades e os estabelecimentos de ensino superior estão a utilizar a IA para melhorar o ensino, a investigação e a administração.

Áreas STEM: No ensino das ciências, tecnologia, engenharia e matemática (STEM), estão a ser utilizadas ferramentas orientadas para a IA, como o Wolfram Alpha e o IBM Watson, para a resolução de problemas complexos e análise de dados. A IA pode ajudar os alunos em tarefas computacionais, simular projectos de engenharia e analisar grandes conjuntos de dados, fornecendo um apoio valioso à investigação e aos cursos. Além disso, os sistemas de tutoria alimentados por IA em disciplinas como as ciências informáticas oferecem assistência personalizada na codificação, ajuda na depuração e feedback de projectos.

Negócios e Economia: Nas escolas de negócios, a IA é utilizada para analisar as tendências do mercado, os dados financeiros e o comportamento dos consumidores. Ferramentas como o Tableau e o SAS utilizam a IA para a visualização de dados e a análise preditiva, ajudando os estudantes a compreender cenários empresariais do mundo real. Os jogos de simulação baseados em IA e as plataformas de negociação de acções virtuais também proporcionam experiência prática em gestão financeira e estratégias de investimento.

Cuidados de saúde e medicina: O ensino médico está a beneficiar significativamente da IA através de ferramentas que simulam procedimentos cirúrgicos, diagnosticam condições médicas e analisam dados de pacientes. Plataformas como o Touch Surgery e o IBM Watson Health proporcionam aos estudantes de medicina simulações interactivas, alimentadas por IA, que melhoram as suas competências práticas e a tomada de decisões clínicas. A IA é também utilizada na investigação médica para identificar padrões em grandes conjuntos de dados, fazendo avançar os conhecimentos em domínios como a genómica e a epidemiologia.

Artes e Humanidades: Nas artes e humanidades, a IA é utilizada para tarefas como a análise de textos literários, a criação de música e a produção de arte visual. As ferramentas de processamento da linguagem natural (PNL) ajudam os estudantes de literatura a analisar os textos em busca de temas, motivos e características estilísticas. As ferramentas de composição musical baseadas em IA, como o Amper Music, permitem aos estudantes experimentar a criação de música original. Nas artes visuais, o software de design alimentado por IA ajuda a criar e a aperfeiçoar projectos artísticos, oferecendo novas vias para a criatividade e a expressão.

Aprendizagem ao longo da vida e desenvolvimento profissional

A IA está também a desempenhar um papel crucial na aprendizagem ao longo da vida e no desenvolvimento profissional. As plataformas de aprendizagem em linha, como a Coursera, a edX e a Udacity, utilizam a IA para proporcionar experiências de aprendizagem personalizadas a alunos adultos que procuram adquirir novas competências ou progredir nas suas carreiras. Estas plataformas oferecem recomendações de cursos baseadas em IA, percursos de aprendizagem adaptáveis e feedback personalizado, tornando a aprendizagem mais eficiente e adaptada às necessidades individuais.

Em ambientes profissionais, a IA é utilizada para a aprendizagem contínua e o desenvolvimento de competências. Os programas de formação empresarial tiram partido da IA para criar módulos de aprendizagem personalizados, acompanhar o progresso dos funcionários e fornecer recursos de formação direccionados. Os sistemas de coaching e mentoring orientados para a IA oferecem aos colaboradores conselhos de carreira e planos de desenvolvimento personalizados, melhorando o seu crescimento e desempenho profissional.

Estudos de caso e histórias de sucesso

A Inteligência Artificial (IA) está a revolucionar o sector da educação, proporcionando experiências de aprendizagem personalizadas, automatizando tarefas administrativas e oferecendo novas formas de envolver os alunos. Várias instituições e empresas de tecnologia educativa implementaram soluções orientadas para a IA com um sucesso notável.

Estudo de caso 1: Tutor Cognitivo da Carnegie Learning

A Carnegie Learning, uma empresa criada a partir da Universidade Carnegie Mellon, desenvolveu o Tutor Cognitivo, um software baseado em IA que fornece explicações personalizadas de matemática. O Tutor Cognitivo utiliza a investigação da ciência cognitiva para modelar a forma como os alunos pensam e aprendem. Ao analisar os processos de resolução de problemas dos alunos, o software identifica as lacunas de aprendizagem individuais e adapta a instrução em conformidade.

História de sucesso: Um estudo conduzido pela RAND Corporation descobriu que os alunos que usavam o Tutor Cognitivo superavam seus colegas em salas de aula tradicionais de matemática. A investigação demonstrou uma melhoria significativa na proficiência em álgebra, com os alunos a registarem até o dobro do crescimento em comparação com o grupo de controlo. Este sucesso sublinha o potencial da IA para personalizar a educação e melhorar os resultados da aprendizagem.

Estudo de caso 2: Aprendizagem adaptativa do Duolingo

O Duolingo, uma popular aplicação de aprendizagem de línguas, utiliza a IA para criar experiências de aprendizagem personalizadas. A tecnologia de aprendizagem adaptativa da aplicação avalia os níveis de proficiência dos utilizadores e adapta os exercícios às suas necessidades individuais. Ao analisar continuamente os dados dos utilizadores, o Duolingo garante que os alunos são desafiados de forma adequada, nem demasiado fácil nem demasiado difícil, mantendo-os envolvidos e motivados.

História de sucesso: A abordagem orientada para a IA do Duolingo conduziu a um sucesso generalizado, com mais de 500 milhões de utilizadores em todo o mundo. A eficácia da aplicação é comprovada por vários estudos independentes, incluindo um da City University of New York, que concluiu que 34 horas no Duolingo equivalem a um semestre de ensino de línguas a nível universitário. Este caso ilustra a forma como a IA pode democratizar o acesso a uma educação de qualidade, tornando a aprendizagem de línguas acessível a pessoas de todo o mundo.

Estudo de caso 3: IBM Watson no ensino especial

O Watson da IBM, uma plataforma de IA conhecida pelas suas capacidades de computação cognitiva, tem sido utilizado no ensino especial para apoiar alunos com dificuldades de aprendizagem. Os algoritmos de processamento de linguagem natural e de aprendizagem automática do Watson ajudam os educadores a desenvolver planos de aprendizagem personalizados através da análise de grandes quantidades de dados, incluindo o desempenho académico dos alunos, padrões de comportamento e até interacções sociais.

História de sucesso: O impacto do Watson na educação especial é exemplificado pela sua implementação em vários distritos escolares. Num desses casos, o Watson ajudou uma escola no Texas a criar programas de ensino individualizados (IEPs) de forma mais eficiente e eficaz. Os professores relataram uma redução significativa no tempo gasto em tarefas administrativas, permitindo-lhes concentrar-se mais na interação direta com os alunos e na instrução personalizada. Este sucesso realça o potencial da IA para melhorar a inclusão e apoiar diversas necessidades de aprendizagem.

Estudo de caso 4: Aprendizagem de IA da Squirrel na China

A Squirrel AI Learning, um fornecedor líder de educação adaptativa baseada em IA na China, desenvolveu um sistema de tutoria inteligente que oferece experiências de aprendizagem personalizadas para alunos do ensino fundamental e médio. O sistema utiliza algoritmos de IA para analisar os comportamentos de aprendizagem dos alunos, diagnosticar lacunas de conhecimento e fornecer conteúdos personalizados para colmatar essas lacunas.

História de sucesso: O sucesso da Squirrel AI é evidente no seu rápido crescimento e adoção generalizada em toda a China. A empresa refere que os alunos que utilizam a sua plataforma registaram uma melhoria de 30 a 50% nas classificações dos testes. Além disso, um estudo realizado pela Graduate School of Education da Universidade de Stanford concluiu que o sistema de aprendizagem adaptativa da Squirrel AI aumentou significativamente a eficiência da aprendizagem dos alunos. Este caso demonstra a escalabilidade e a eficácia da educação personalizada orientada para a IA.

Estudo de caso 5: Recomendações do Coursera baseadas em IA

A Coursera, uma plataforma de aprendizagem em linha, utiliza a IA para recomendar cursos e percursos de aprendizagem adaptados a cada utilizador. Ao analisar os perfis dos alunos, incluindo os seus antecedentes educativos, interesses e objectivos de aprendizagem, o motor de recomendação da Coursera sugere cursos e materiais relevantes para melhorar o seu percurso de aprendizagem.

História de sucesso: O sistema de recomendação baseado em IA da Coursera melhorou significativamente o envolvimento dos utilizadores e as taxas de conclusão dos cursos. De acordo com a Coursera, os utilizadores que seguem recomendações de cursos personalizados têm 1,5 vezes mais probabilidades de concluir os seus cursos do que aqueles que não o fazem. Esta história de sucesso sublinha o valor da IA na orientação dos alunos através de vastos conteúdos educativos, tornando a aprendizagem online mais eficaz e personalizada.

Estudo de caso 6: Plataforma de aprendizagem baseada em IA da Century Tech

A Century Tech, uma empresa de tecnologia educacional sediada no Reino Unido, desenvolveu uma plataforma de aprendizagem orientada por IA que combina ciência da aprendizagem, IA e neurociência para criar experiências de aprendizagem personalizadas. A plataforma analisa as interacções dos alunos e fornece informações em tempo real aos professores, permitindo-lhes prestar apoio e intervenções específicas.

História de Sucesso: A plataforma da Century Tech foi implementada com sucesso em inúmeras escolas no Reino Unido e em outros países. Uma história de sucesso notável vem de uma escola em Londres, onde a utilização da Century Tech levou a um aumento de 30% no envolvimento dos alunos e a uma melhoria de 20% no desempenho académico. Os professores também relataram uma maior eficiência no planeamento e avaliação das aulas, realçando a capacidade da plataforma para melhorar as experiências de ensino e aprendizagem.

Estudo de caso 7: Programa de Matemática Adaptativa da DreamBox Learning

A DreamBox Learning oferece um programa de matemática adaptável para alunos do K-8 que usa IA para adaptar a instrução às necessidades exclusivas de cada aluno. A plataforma avalia continuamente a compreensão dos alunos e fornece caminhos de aprendizagem personalizados para ajudá-los a dominar os conceitos matemáticos.

História de sucesso: Estudos independentes demonstraram que os alunos que utilizam a DreamBox Learning obtêm ganhos significativos na proficiência em matemática. Por exemplo, uma investigação conduzida pelo Centro de Investigação de Políticas Educativas da Universidade de Harvard concluiu que os alunos que utilizaram a DreamBox durante 60 minutos por semana melhoraram os seus resultados a matemática em cerca de 60% mais do que aqueles que não utilizaram o programa. Este caso exemplifica o potencial da IA para melhorar os resultados de aprendizagem em disciplinas fundamentais como a matemática.

CAPÍTULO 5

Criação e distribuição inteligente de conteúdos
Dhiraj Singh Rawat

Departamento de Informática

NIET, Greater Noida, Uttar Pradesh, Índia

Ashwani Kumar

Escola de Engenharia e Tecnologia

K. R. Mangalam University, Gurugram, Haryana, Índia

Introdução

A Inteligência Artificial (IA) está a revolucionar vários sectores, e a educação não é exceção. Um dos impactos mais significativos da IA na educação é na área do desenvolvimento curricular. Esta transformação está a abrir caminho para experiências de aprendizagem mais personalizadas, eficientes e eficazes. Neste contexto, a IA está a ser aproveitada para conceber, melhorar e fornecer conteúdos educativos de formas anteriormente inimagináveis.

Percursos de aprendizagem personalizados

Uma das principais vantagens da IA no desenvolvimento de currículos é a sua capacidade de criar percursos de aprendizagem personalizados. Os currículos tradicionais são frequentemente concebidos com uma abordagem de tamanho único, o que pode deixar alguns alunos para trás enquanto outros não são suficientemente desafiados. A IA resolve este problema analisando os dados individuais dos alunos, incluindo os estilos de aprendizagem, os pontos fortes e as áreas a melhorar. Ao fazê-lo, a IA pode adaptar os conteúdos educativos para satisfazer as necessidades específicas de cada aluno. Por exemplo, uma plataforma baseada em IA pode recomendar diferentes materiais de leitura, exercícios ou projectos com base no progresso e desempenho de um aluno.

Tecnologias de aprendizagem adaptativa

As tecnologias de aprendizagem adaptativa são outro aspeto em que a IA desempenha um papel crucial. Estes sistemas utilizam algoritmos para ajustar o nível de dificuldade das tarefas e dos exercícios em tempo real, com base no desempenho do aluno. Se um aluno estiver a ter dificuldades com um determinado conceito, o sistema de IA pode fornecer recursos adicionais e problemas práticos para o ajudar a compreender a matéria. Por outro lado, se um aluno se estiver a destacar, o sistema pode introduzir tópicos mais avançados para o manter empenhado e desafiado. Esta adaptabilidade garante que todos os alunos podem progredir ao seu próprio ritmo, conduzindo a resultados de aprendizagem mais eficazes.

Criação automatizada de conteúdos

A IA também ajuda na criação automática de conteúdos educativos. Através do processamento de linguagem natural (PNL) e da aprendizagem automática, a IA pode gerar questionários, tarefas e até planos de aula completos. Estes sistemas podem analisar grandes quantidades de dados educativos para identificar conceitos-chave e objectivos de aprendizagem, criando subsequentemente conteúdos que se alinham com as normas curriculares. Por exemplo, uma ferramenta de IA pode gerar um conjunto de perguntas para uma aula de história, analisando textos históricos e identificando temas e factos importantes. Esta automatização não só poupa tempo aos educadores, como também garante que os conteúdos estão actualizados e são relevantes.

Insights baseados em dados

A integração da IA no desenvolvimento curricular fornece aos educadores informações valiosas baseadas em dados. Os sistemas de IA podem analisar os dados de desempenho dos alunos para identificar tendências e padrões que podem não ser imediatamente aparentes. Por exemplo, se um número significativo de alunos estiver a ter dificuldades com um determinado conceito, o sistema de IA pode realçar este problema, levando os educadores a rever essa parte do currículo. Além disso, a IA pode prever tendências futuras de desempenho, permitindo aos educadores abordar proactivamente potenciais desafios. Estes conhecimentos permitem uma abordagem mais reactiva e dinâmica do desenvolvimento curricular.

Melhorar a acessibilidade e a inclusão

As tecnologias de IA também melhoram a acessibilidade e a inclusão dos conteúdos educativos. As ferramentas baseadas na IA podem criar materiais de aprendizagem personalizados para alunos com necessidades especiais, incluindo os que têm deficiências visuais, auditivas ou de aprendizagem. Por exemplo, a IA pode converter texto em voz, gerar legendas para conteúdos de vídeo ou adaptar materiais de leitura a diferentes níveis de leitura. Ao tornar os conteúdos educativos mais acessíveis, a IA garante que todos os alunos têm a oportunidade de ter sucesso, independentemente das suas dificuldades individuais.

Alinhamento e normalização do currículo

Assegurar que o currículo se alinha com as normas e referências educativas é outro aspeto crítico do desenvolvimento curricular. A IA pode ajudar a mapear o conteúdo do currículo para as normas nacionais e internacionais, assegurando que todas as competências e resultados de aprendizagem necessários são abrangidos. Este alinhamento é particularmente importante para manter a coerência e a qualidade em diferentes instituições de ensino. As ferramentas de IA podem analisar e atualizar continuamente o currículo para refletir alterações nas normas ou tendências educativas emergentes, mantendo o currículo relevante e eficaz.

Desenvolvimento curricular colaborativo

A IA também facilita o desenvolvimento de currículos em colaboração. As ferramentas de IA baseadas na nuvem permitem que educadores de diferentes locais trabalhem em conjunto em tempo real, partilhando conhecimentos, recursos e melhores práticas. Esta colaboração pode levar à criação de currículos mais diversificados e abrangentes que beneficiam da experiência e das perspectivas de vários educadores. Além disso, a IA pode ajudar a gerir e organizar estes esforços de colaboração, garantindo que todas as contribuições são integradas sem problemas.

Aplicações do mundo real e aprendizagem baseada em projectos

A integração de aplicações do mundo real e da aprendizagem baseada em projectos no currículo é essencial para preparar os alunos para futuras carreiras. A IA pode ajudar a identificar e incorporar problemas e projectos relevantes do mundo real no currículo. Ao analisar as tendências do mercado de trabalho e as necessidades da indústria, a IA pode sugerir projectos que se alinham com as exigências de competências actuais e futuras. Esta abordagem garante que os alunos adquirem experiência prática e prática que é diretamente aplicável às suas futuras carreiras.

Melhoria contínua e feedback

O desenvolvimento de currículos com base em IA não é um processo único, mas sim um ciclo contínuo de melhoria. Os sistemas de IA podem recolher e analisar o feedback dos alunos e dos educadores para aperfeiçoar e melhorar continuamente o currículo. Este ciclo de feedback garante que o currículo se mantém dinâmico e responde às necessidades dos seus utilizadores. Ao iterar e melhorar constantemente, a IA ajuda a criar um currículo que evolui com os avanços educativos e as mudanças sociais.

Considerações éticas

Embora os benefícios da IA no desenvolvimento curricular sejam significativos, é importante considerar as implicações éticas. Garantir a privacidade e a segurança dos dados é fundamental, uma vez que os sistemas de IA dependem de grandes quantidades de dados dos alunos. Além disso, deve haver transparência na forma como os algoritmos de IA tomam decisões e fazem recomendações. Os educadores e os decisores políticos devem trabalhar em conjunto para desenvolver directrizes e normas éticas para a utilização da IA na educação, garantindo que estas tecnologias são utilizadas de forma responsável e equitativa.

Ferramentas automatizadas de criação de conteúdos na educação

As ferramentas automatizadas de criação de conteúdos estão a revolucionar o panorama educativo, permitindo a criação de materiais de aprendizagem personalizados, interactivos e envolventes. Estas ferramentas tiram partido da inteligência artificial (IA) para produzir uma variedade de conteúdos educativos, incluindo questionários, tarefas, planos de aulas e até cursos completos, com o mínimo de intervenção humana. Esta tecnologia é muito promissora para melhorar a eficiência e a eficácia da distribuição de conteúdos educativos, tornando-a uma componente essencial das salas de aula inteligentes modernas.

A evolução da criação automatizada de conteúdos

O conceito de criação automatizada de conteúdos tem evoluído significativamente ao longo dos anos. Inicialmente, os conteúdos educativos eram predominantemente criados manualmente pelos educadores, o que constituía um processo moroso e trabalhoso. Com o advento da tecnologia digital, ferramentas como processadores de texto e software de apresentação simplificaram a criação de conteúdos, mas continuaram a exigir um esforço manual significativo. A introdução da IA e da aprendizagem automática marcou uma mudança transformadora, permitindo o desenvolvimento de ferramentas sofisticadas que podem gerar conteúdos de forma autónoma.

Como funcionam as ferramentas de criação automática de conteúdos

As ferramentas de criação automatizada de conteúdos utilizam várias tecnologias de IA, incluindo o processamento de linguagem natural (PNL), algoritmos de aprendizagem automática e análise de dados, para produzir materiais didácticos. Estas ferramentas seguem normalmente um processo em várias etapas:

Análise de conteúdo: A ferramenta analisa materiais educativos e conjuntos de dados existentes para compreender o assunto e o contexto. Isto pode envolver a análise de manuais escolares, artigos académicos e recursos online.

Geração de conteúdos: Utilizando a PNL e a aprendizagem automática, a ferramenta gera novos conteúdos com base nos dados analisados. Isto pode incluir a escrita de texto explicativo, a criação de perguntas e respostas e a conceção de actividades interactivas.

Personalização de conteúdos: O conteúdo gerado é então adaptado para satisfazer as necessidades específicas de alunos individuais ou grupos. Esta personalização pode basear-se em factores como o ritmo de aprendizagem, o nível de dificuldade e os estilos de aprendizagem preferidos.

Revisão e melhoria do conteúdo: Finalmente, a ferramenta revê o conteúdo gerado para verificar a sua exatidão, coerência e relevância. Algumas ferramentas avançadas podem mesmo melhorar o conteúdo, incorporando elementos multimédia como imagens, vídeos e simulações interactivas.

Vantagens das ferramentas de criação automática de conteúdos

Eficiência de tempo: Uma das vantagens mais significativas das ferramentas de criação automática de conteúdos é o tempo que os educadores poupam. Estas ferramentas podem gerar materiais educativos abrangentes numa fração do tempo que um humano levaria a produzi-los.

Consistência e qualidade: As ferramentas automatizadas asseguram um elevado nível de consistência e qualidade nos conteúdos produzidos. Isto é particularmente importante para manter a normalização entre diferentes turmas e instituições.

Personalização: As ferramentas baseadas em IA podem adaptar o conteúdo para atender às necessidades exclusivas de cada aluno, proporcionando uma experiência de aprendizagem personalizada que pode se adaptar aos pontos fortes e fracos individuais.

Escalabilidade: As ferramentas automatizadas de criação de conteúdos podem produzir grandes volumes de conteúdos rapidamente, o que as torna ideais para escalar programas educativos para acomodar populações de estudantes maiores.

Inovação e envolvimento: Ao incorporar elementos interactivos e multimédia, estas ferramentas podem criar experiências de aprendizagem mais envolventes e inovadoras, captando o interesse dos alunos e melhorando a sua compreensão.

Exemplos de ferramentas de criação de conteúdos automatizados

Content Technologies, Inc. (CTI): A CTI utiliza a IA para criar manuais personalizados adaptados a cursos e objectivos de aprendizagem específicos. A sua plataforma pode integrar várias fontes de informação e produzir manuais abrangentes que se alinham com as normas curriculares.

Knewton: A plataforma de aprendizagem adaptativa da Knewton utiliza a IA para gerar percursos de aprendizagem personalizados para os alunos. A plataforma analisa continuamente os dados de desempenho dos alunos para criar e ajustar o conteúdo de forma dinâmica, garantindo resultados de aprendizagem óptimos.

Scribe: O Scribe é uma ferramenta alimentada por IA que ajuda os educadores a criar planos de aula, questionários e tarefas. Utiliza a aprendizagem automática para compreender as normas educativas e gerar conteúdos que se alinham com essas normas.

Quizlet: O Quizlet oferece ferramentas baseadas em IA para criar conjuntos de estudo e questionários práticos. Utiliza a aprendizagem automática para gerar perguntas e flashcards com base no material introduzido pelo utilizador, proporcionando uma experiência de estudo personalizada.

Recomendações inteligentes do Coursera: A Coursera utiliza IA para recomendar cursos e gerar conteúdos de aprendizagem personalizados para os utilizadores com base no seu histórico de aprendizagem e preferências. Isso ajuda os alunos a encontrar materiais relevantes de forma rápida e eficiente.

Desafios e limitações

Embora as ferramentas de criação automática de conteúdos ofereçam inúmeras vantagens, também apresentam alguns desafios e limitações:

Exatidão e fiabilidade: Garantir a exatidão e a fiabilidade dos conteúdos gerados por IA pode ser um desafio. Erros ou enviesamentos nos algoritmos ou dados subjacentes podem levar a informações incorrectas ou enganadoras.

Criatividade e pensamento crítico: As ferramentas de IA podem ter dificuldade em reproduzir a criatividade e as capacidades de pensamento crítico dos educadores humanos. Isto pode resultar em conteúdos pouco aprofundados ou que não envolvem os alunos num pensamento de ordem superior.

Considerações éticas: A utilização da IA na educação suscita preocupações éticas, nomeadamente no que diz respeito à privacidade dos dados e ao potencial de enviesamento algorítmico. É essencial desenvolver e aplicar directrizes éticas para abordar estas questões.

Complexidade técnica: A implementação e manutenção de ferramentas de criação automática de conteúdos pode ser tecnicamente complexa e exigir um investimento significativo em termos de tempo e recursos. As escolas e instituições poderão ter de prestar formação e apoio para garantir a utilização efectiva destas ferramentas.

Dependência da tecnologia: A dependência excessiva de ferramentas automatizadas pode levar a uma diminuição do papel dos educadores e a uma potencial perda do toque humano no ensino. É fundamental encontrar um equilíbrio entre o aproveitamento da tecnologia e a manutenção dos elementos humanos essenciais da educação.

Perspectivas futuras

O futuro das ferramentas de criação automática de conteúdos no sector da educação parece promissor, com os avanços contínuos da IA e da aprendizagem automática a impulsionar a inovação. Alguns dos potenciais desenvolvimentos futuros incluem:

Interatividade melhorada: É provável que as futuras ferramentas incorporem elementos interactivos mais avançados, como a realidade virtual (RV) e a realidade aumentada (RA), para criar experiências de aprendizagem imersivas.

Personalização melhorada: À medida que os algoritmos de IA se tornam mais sofisticados, a capacidade de personalizar o conteúdo de acordo com as necessidades individuais de cada aluno irá melhorar, resultando em resultados de aprendizagem ainda mais eficazes.

Integração com outras tecnologias: As ferramentas de criação automatizada de conteúdos integrar-se-ão cada vez mais com outras tecnologias educativas, como os sistemas de gestão da aprendizagem (LMS) e o software de gestão de salas de aula, para proporcionar uma experiência educativa completa e sem descontinuidades.

Acessibilidade global: Os avanços na IA podem ajudar a colmatar as lacunas educativas a nível mundial, fornecendo conteúdos educativos de elevada qualidade e adaptados a estudantes de regiões mal servidas, promovendo a equidade na educação.

Colaboração professor-IA: O papel dos educadores evoluirá para se centrar mais na orientação e mentoria dos alunos, com as ferramentas de IA a ocuparem-se das tarefas rotineiras de criação de conteúdos. Esta abordagem colaborativa pode melhorar a experiência global de ensino e aprendizagem.

Experiências de aprendizagem interactivas e imersivas

O advento da inteligência artificial (IA) na educação deu início a uma nova era de experiências de aprendizagem interactivas e imersivas que transformam as abordagens pedagógicas tradicionais. Estes avanços não só aumentam o envolvimento dos alunos, como também proporcionam percursos de aprendizagem personalizados, tornando a educação mais eficaz e agradável.

Definição de aprendizagem interactiva e imersiva

A aprendizagem interactiva refere-se a actividades educativas que envolvem ativamente os alunos no processo de aprendizagem, promovendo o empenho e a participação. Este método contrasta com a aprendizagem passiva, em que os alunos são meros receptores de informação. A aprendizagem imersiva, por outro lado, envolve experiências profundamente envolventes, muitas vezes facilitadas por tecnologias como a realidade virtual (RV) e a realidade aumentada (RA). Estas tecnologias criam ambientes simulados que imitam cenários do mundo real, permitindo aos alunos explorar e interagir de formas que os métodos tradicionais não podem oferecer.

O papel da IA no reforço da interatividade

As tecnologias de IA melhoram significativamente a aprendizagem interactiva, fornecendo ferramentas que se adaptam às necessidades individuais dos alunos. As plataformas de aprendizagem adaptativa utilizam algoritmos de IA para analisar o desempenho e os estilos de aprendizagem dos alunos, oferecendo conteúdos e feedback adaptados. Esta personalização garante que os alunos não se aborrecem com conteúdos demasiado fáceis nem ficam sobrecarregados com material demasiado difícil.

Por exemplo, as plataformas alimentadas por IA podem apresentar questionários interactivos que se ajustam em tempo real com base nas respostas dos alunos. Se um aluno tiver dificuldades com um determinado conceito, o sistema pode fornecer recursos adicionais e problemas práticos. Este ciclo de feedback imediato mantém os alunos envolvidos e motivados, reforçando a sua aprendizagem através de uma interação contínua.

Aprendizagem imersiva através da realidade virtual (RV)

A realidade virtual está a revolucionar o panorama educativo, proporcionando experiências imersivas que são simultaneamente envolventes e educativas. A RV pode transportar os alunos para tempos e locais diferentes, oferecendo uma aprendizagem experimental que é simultaneamente memorável e impactante.

Numa aula de história, por exemplo, os alunos podem utilizar auscultadores RV para visitar virtualmente civilizações antigas, explorando locais históricos e testemunhando os acontecimentos à medida que se desenrolam. Esta experiência imersiva ajuda os alunos a compreender melhor os contextos históricos e a reter a informação de forma mais eficaz. Do mesmo modo, no ensino das ciências, a RV pode simular processos biológicos complexos ou reacções químicas, permitindo aos alunos observar e interagir com fenómenos que seriam impossíveis de reproduzir numa sala de aula tradicional.

Realidade Aumentada (RA) na sala de aula

A realidade aumentada complementa a RV através da sobreposição de informações digitais no mundo real, melhorando o ambiente de aprendizagem sem imergir completamente o utilizador num espaço virtual. A RA pode ser utilizada numa série de contextos educativos para proporcionar experiências de aprendizagem interactivas e contextuais.

Por exemplo, as aplicações de RA podem transformar um livro didático numa ferramenta de aprendizagem dinâmica. Quando visualizadas através de um smartphone ou tablet, as imagens estáticas podem ganhar vida com animações e elementos interactivos. Um manual de biologia pode apresentar um modelo 3D do coração humano que os alunos podem manipular para ver como funciona. Esta interação prática ajuda a compreensão e a retenção, permitindo aos alunos explorar conceitos complexos de uma forma tangível.

Gamificação e aprendizagem interactiva

A gamificação é outra ferramenta poderosa na criação de experiências de aprendizagem interactivas. Ao incorporar elementos de jogo como pontos, distintivos e tabelas de classificação nas actividades educativas, os alunos ficam mais motivados para participar e atingir os seus objectivos de aprendizagem.

A IA desempenha um papel crucial na gamificação, personalizando a experiência para cada aluno. Os jogos de aprendizagem podem adaptar-se ao nível de competências do utilizador, proporcionando desafios e recompensas adequados. Esta abordagem não só torna a aprendizagem divertida, como também incentiva a perseverança e a capacidade de resolução de problemas.

Por exemplo, aplicações de aprendizagem de línguas como o Duolingo utilizam a gamificação para manter os utilizadores envolvidos. A aplicação utiliza a IA para adaptar as aulas ao nível de proficiência do utilizador, oferecendo dicas e correcções conforme necessário. À medida que os alunos progridem, ganham pontos e distintivos, o que os motiva a continuar a aprender.

Benefícios da aprendizagem interactiva e imersiva

As vantagens das experiências de aprendizagem interactivas e imersivas são múltiplas. Em primeiro lugar, permitem responder a diferentes estilos de aprendizagem, assegurando que os alunos visuais, auditivos e cinestésicos têm todos a oportunidade de se envolverem com o material. Esta inclusão ajuda a melhorar o desempenho e a satisfação geral dos alunos.

Em segundo lugar, estas experiências promovem uma compreensão e retenção mais profundas da informação. A participação ativa nos processos de aprendizagem, seja através de questionários interactivos, simulações de RV ou melhorias de RA, ajuda os alunos a interiorizar os conceitos de forma mais eficaz do que a audição ou a leitura passivas.

Além disso, as experiências de aprendizagem imersiva podem desenvolver competências críticas do século XXI, como a colaboração, a comunicação e o pensamento crítico. Numa simulação de RV, por exemplo, os alunos podem trabalhar em conjunto para resolver um problema, aperfeiçoando as suas capacidades de trabalho em equipa e de comunicação durante o processo.

Desafios e considerações

Embora as vantagens sejam evidentes, existem desafios à implementação de experiências de aprendizagem interactivas e imersivas. Um obstáculo significativo é o custo da tecnologia. Os auscultadores de RV, os dispositivos de RA e as plataformas alimentadas por IA podem ser dispendiosos, tornando-os inacessíveis a algumas escolas e alunos. Além disso, existe uma curva de aprendizagem associada a estas tecnologias, exigindo que os educadores recebam formação para as integrarem efetivamente no seu ensino.

A privacidade dos dados é outra preocupação. A aprendizagem interactiva e imersiva envolve frequentemente a recolha de dados sobre o desempenho e o comportamento dos alunos. É fundamental garantir que estes dados são armazenados de forma segura e utilizados de forma ética, respeitando os direitos de privacidade dos alunos.

O futuro da aprendizagem interactiva e imersiva

O futuro da educação irá provavelmente assistir a tecnologias de IA ainda mais sofisticadas que criam experiências de aprendizagem mais ricas, interactivas e imersivas. À medida que a IA continua a avançar, podemos esperar sistemas de tutoria mais inteligentes, aplicações de RV e RA melhoradas e ambientes de aprendizagem cada vez mais personalizados.

Inovações como o feedback háptico em RV, que permite aos utilizadores "sentir" os objectos virtuais, e simulações baseadas em IA que se adaptam em tempo real aos contributos dos alunos, melhorarão ainda mais a experiência educativa. Além disso, à medida que o custo da tecnologia diminui e a acessibilidade melhora, mais escolas poderão implementar estas ferramentas de aprendizagem avançadas.

O papel da IA na personalização de conteúdos

A Inteligência Artificial (IA) revolucionou muitos sectores, e a educação não é exceção. Entre as suas inúmeras aplicações na educação, a personalização de conteúdos destaca-se como uma das mais impactantes. A personalização de conteúdos refere-se ao processo de adaptação de materiais educativos para satisfazer as necessidades, preferências e estilos de aprendizagem únicos de cada aluno. O papel da IA nesta área é transformador, oferecendo experiências de aprendizagem personalizadas que podem aumentar significativamente o envolvimento e os resultados dos alunos.

Compreender a personalização de conteúdos baseada em IA

A personalização de conteúdos baseada em IA envolve a utilização de algoritmos e técnicas de aprendizagem automática para analisar grandes quantidades de dados relacionados com o desempenho, comportamento e preferências dos alunos. Esta análise permite a criação de conteúdos educativos personalizados que se adaptam ao ritmo e estilo de aprendizagem de cada aluno. O objetivo principal é otimizar a experiência de aprendizagem, tornando-a mais eficaz e agradável.

Componentes principais da personalização de conteúdos baseada em IA

Recolha e análise de dados: Os sistemas de IA recolhem dados de várias fontes, como avaliações dos alunos, interação com materiais de aprendizagem e até comportamentos sociais em plataformas educativas. Estes dados são depois analisados para identificar padrões e conhecimentos sobre os hábitos e as necessidades de aprendizagem de cada aluno.

Plataformas de aprendizagem adaptativa: Estas plataformas utilizam a IA para modificar a apresentação de conteúdos educativos em tempo real. Com base na análise de dados, o sistema pode ajustar o nível de dificuldade das tarefas, sugerir recursos adicionais ou alterar o formato de apresentação do conteúdo para melhor se adequar ao estilo de aprendizagem do aluno.

Percursos de aprendizagem personalizados: A IA cria percursos de aprendizagem individualizados, recomendando actividades e recursos específicos que se alinham com os pontos fortes e as áreas de melhoria de um aluno. Isto assegura que cada aluno pode progredir ao seu próprio ritmo e receber apoio adaptado às suas necessidades específicas.

Sistemas de recomendação de conteúdos: À semelhança da forma como os serviços de streaming recomendam filmes ou programas, as plataformas educativas baseadas em IA podem sugerir materiais de leitura, exercícios ou vídeos que sejam mais relevantes para o contexto de aprendizagem atual de um aluno. Estas recomendações baseiam-se em interacções anteriores e em dados de desempenho.

Processamento de linguagem natural (PNL): A PNL permite que os sistemas de IA compreendam e gerem linguagem humana, facilitando experiências educativas mais interactivas e envolventes. Por exemplo, os chatbots e os assistentes virtuais podem fornecer feedback instantâneo, responder a perguntas e orientar os alunos em tópicos complexos.

Benefícios da IA na personalização de conteúdos

Maior envolvimento dos alunos: É mais provável que o conteúdo personalizado envolva os alunos, uma vez que está de acordo com os seus interesses e estilos de aprendizagem. Este maior envolvimento pode levar a uma melhor retenção e compreensão do material.

Melhores resultados de aprendizagem: Ao fornecer conteúdos especificamente adaptados às necessidades individuais, a IA ajuda os alunos a ultrapassar os seus desafios de aprendizagem de forma mais eficaz. Isto pode resultar num melhor desempenho académico e numa compreensão mais profunda das matérias.

Utilização eficiente dos recursos educativos: A IA pode identificar os recursos e métodos mais eficazes para cada aluno, garantindo que tanto os professores como os alunos utilizam o seu tempo e materiais de forma eficiente. Esta abordagem direccionada pode reduzir a redundância e concentrar os esforços onde são mais necessários.

Escalabilidade: A personalização de conteúdos baseada em IA pode ser escalada para acomodar um grande número de alunos sem sacrificar a personalização. Isto é particularmente benéfico em diversas configurações de sala de aula e em ambientes de ensino à distância.

Melhoria contínua: Os sistemas de IA aprendem continuamente com novos dados, refinando os seus algoritmos para fornecer uma personalização de conteúdos cada vez mais precisa e eficaz. Esta melhoria contínua ajuda a manter as práticas educativas actualizadas e relevantes.

Exemplos de IA na personalização de conteúdos

Várias tecnologias educativas ilustram o papel da IA na personalização dos conteúdos:

Sistemas inteligentes de gestão da aprendizagem (LMS): As plataformas LMS modernas, como o Canvas e o Blackboard, integram a IA para analisar os dados de desempenho dos alunos e recomendar actividades e recursos de aprendizagem personalizados.

Sistemas de tutoria inteligente (ITS): Sistemas como o Carnegie Learning e o ALEKS utilizam a IA para criar percursos de aprendizagem personalizados, adaptando a dificuldade e o estilo de fornecimento de conteúdos com base no feedback e no desempenho dos alunos em tempo real.

Aplicações EdTech: Aplicações como o Duolingo e a Khan Academy utilizam a IA para adaptar o conteúdo a cada aluno, fornecendo exercícios, questionários e feedback personalizados.

Ambientes virtuais de aprendizagem (VLE): Plataformas como Coursera e edX usam IA para recomendar cursos e materiais que se alinham com os interesses e objetivos de carreira de um aluno, criando uma jornada de aprendizagem mais personalizada.

Desafios e considerações

Embora os benefícios da IA na personalização de conteúdos sejam significativos, há também desafios e considerações a ter em conta:

Privacidade e segurança dos dados: A recolha e a análise dos dados dos estudantes suscitam preocupações sobre a privacidade e a segurança dos dados. É fundamental garantir que os sistemas de IA cumprem os regulamentos e mantêm a confidencialidade das informações dos alunos.

Enviesamento nos algoritmos de IA: Os sistemas de IA podem, inadvertidamente, perpetuar preconceitos presentes nos dados em que são treinados. É essencial avaliar e mitigar continuamente quaisquer preconceitos para garantir experiências educativas justas e equitativas.

Acesso e equidade: Nem todos os alunos têm igual acesso à tecnologia necessária para a personalização de conteúdos baseada em IA. É necessário colmatar o fosso digital para garantir que todos os alunos possam beneficiar destes avanços.

Formação e aceitação dos professores: Os educadores precisam de formação adequada para integrar efetivamente as ferramentas de IA nas suas práticas de ensino. Além disso, a promoção de uma atitude positiva em relação à IA entre professores e alunos é importante para uma implementação bem sucedida.

Direcções futuras

O futuro da IA na personalização de conteúdos parece promissor, com avanços contínuos susceptíveis de melhorar ainda mais as experiências educativas. Inovações como:

Realidade aumentada e virtual (AR/VR): Estas tecnologias, alimentadas por IA, podem proporcionar ambientes de aprendizagem imersivos e interactivos que são altamente personalizados.

IA das emoções: os sistemas de IA capazes de reconhecer e responder aos estados emocionais dos alunos poderão oferecer um apoio ainda mais personalizado, abordando factores como a motivação e o empenho.

IA colaborativa: as ferramentas de IA que facilitam a colaboração entre os alunos podem ajudar a criar experiências de aprendizagem em grupo personalizadas, equilibrando a personalização individual com a aprendizagem colectiva.

CAPÍTULO 6

Melhorar a gestão da sala de aula com a IA
Ashwani Kumar

Escola de Engenharia e Tecnologia

K. R. Mangalam University, Gurugram, Haryana, Índia

Vijay Singh

Escola de Engenharia e Tecnologia Amity

Universidade de Amity, Noida, UP, Índia

Introdução

O rápido avanço da inteligência artificial (IA) deu origem a mudanças transformadoras em vários sectores, incluindo o da educação. A gestão da sala de aula, uma pedra angular do ensino e da aprendizagem eficazes, é uma área em que as ferramentas de IA estão a fazer incursões significativas. Estas ferramentas oferecem soluções inovadoras para simplificar as tarefas administrativas, aumentar a participação dos alunos e promover um ambiente de aprendizagem mais organizado e produtivo.

Automatização de tarefas administrativas

Uma das principais aplicações da IA na gestão da sala de aula é a automatização das tarefas administrativas de rotina. Estas tarefas, embora essenciais, consomem frequentemente uma parte significativa do tempo dos educadores, desviando a sua atenção das actividades de ensino direto. As ferramentas alimentadas por IA podem tratar de tarefas como o controlo da assiduidade, a classificação e a programação, libertando assim os professores para se concentrarem mais no ensino.

Registo de presenças: Os métodos tradicionais de registo de presenças podem ser demorados e propensos a erros. As ferramentas de IA equipadas com tecnologia de reconhecimento facial podem automatizar este processo, permitindo um controlo perfeito e preciso da assiduidade dos alunos. Sistemas como estes não só poupam tempo como também fornecem dados em tempo real que podem ser analisados para identificar padrões, como ausências frequentes, permitindo intervenções precoces.

Avaliação: Os sistemas de classificação baseados em IA podem avaliar os trabalhos, questionários e exames dos alunos com uma precisão e velocidade notáveis. Estas ferramentas utilizam algoritmos de processamento de linguagem natural (PNL) e de aprendizagem automática para avaliar as respostas escritas, fornecendo feedback e notas pormenorizados. Isto não só reduz a carga de classificação dos professores, como também garante uma avaliação consistente e objetiva.

Programação: A gestão dos horários das aulas, incluindo ajustamentos de horários e calendários de exames, pode ser complexa e dinâmica. As ferramentas de IA podem otimizar a programação tendo em conta várias restrições e preferências, assegurando que o horário é eficiente e sem conflitos. Estas ferramentas podem adaptar-se rapidamente às mudanças, tornando o processo de calendarização mais flexível e reativo.

Análise e Intervenção Comportamental

A gestão da sala de aula vai além das tarefas administrativas para manter um ambiente de aprendizagem propício. As ferramentas de IA podem desempenhar um papel crucial na monitorização e análise do comportamento dos alunos, fornecendo informações que ajudam os educadores a resolver problemas comportamentais de forma proactiva.

Monitorização comportamental: Os sistemas de IA podem observar as actividades na sala de aula através da análise de vídeo, identificando padrões de comportamento que podem indicar falta de empenho ou comportamento perturbador. Por exemplo, se um aluno desviar frequentemente o olhar do quadro ou se envolver num comportamento fora da tarefa, o sistema de IA pode alertar o professor, permitindo uma intervenção atempada.

Reconhecimento de emoções: Algumas ferramentas avançadas de IA estão equipadas com capacidades de reconhecimento de emoções, analisando expressões faciais e tons de voz para avaliar os estados emocionais dos alunos. Perceber se os alunos estão frustrados, aborrecidos ou empenhados pode ajudar os professores a adaptar as suas estratégias de ensino para satisfazer as necessidades emocionais e de aprendizagem dos alunos.

Estratégias de intervenção: Com base em dados comportamentais e emocionais, as ferramentas de IA podem sugerir estratégias de intervenção aos professores. Por exemplo, se um aluno estiver constantemente desinteressado, o sistema pode recomendar apoio personalizado ou modificações na abordagem de ensino. Estas informações baseadas em dados permitem intervenções mais direccionadas e eficazes, promovendo um ambiente de sala de aula positivo.

Melhorar a comunicação e a colaboração

Uma gestão eficaz da sala de aula implica também a promoção da comunicação e da colaboração entre alunos, professores e pais. As ferramentas de IA podem facilitar este processo, fornecendo plataformas e mecanismos para uma interação perfeita.

Plataformas de comunicação: As plataformas de comunicação alimentadas por IA podem simplificar as interacções entre professores, alunos e pais. Estas plataformas incluem frequentemente funcionalidades como chatbots que podem responder a perguntas comuns, notificações automáticas para actualizações importantes e análises para acompanhar a eficácia da comunicação. Estas ferramentas garantem que todos se mantêm informados e envolvidos.

Aprendizagem em colaboração: As ferramentas de IA podem apoiar a aprendizagem em colaboração, criando espaços virtuais onde os alunos podem trabalhar em conjunto em projectos, partilhar recursos e receber feedback em tempo real. Estas ferramentas incorporam frequentemente algoritmos de IA para formar grupos equilibrados com base nas competências e estilos de aprendizagem dos alunos, promovendo uma colaboração efectiva e a aprendizagem entre pares.

Envolvimento entre pais e professores: Manter os pais informados e envolvidos na educação dos seus filhos é crucial para o sucesso dos alunos. As ferramentas de IA podem automatizar o processo de envio de relatórios de progresso, agendamento de reuniões de pais e professores e fornecer informações sobre o desempenho e o comportamento dos alunos. Este envolvimento contínuo ajuda a construir um forte sistema de apoio em torno de cada aluno.

Tomada de decisões com base em dados

As ferramentas de IA geram uma grande quantidade de dados que podem ser aproveitados para tomar decisões informadas sobre a gestão da sala de aula e as estratégias de ensino. Ao analisar estes dados, os educadores podem obter informações mais aprofundadas sobre o desempenho dos alunos, identificar tendências e ajustar as suas abordagens em conformidade.

Análise de desempenho: Os sistemas de IA podem analisar os dados de desempenho dos alunos para identificar os pontos fortes e fracos, tanto a nível individual como da turma. Esta informação permite que os professores adaptem a sua instrução para responder a necessidades específicas, garantindo que todos os alunos recebem o apoio de que necessitam para serem bem sucedidos.

Análise preditiva: As ferramentas de IA podem prever o desempenho futuro com base em dados históricos, ajudando os educadores a identificar precocemente os alunos em risco. Ao reconhecer padrões e tendências, estas ferramentas podem prever potenciais desafios e sugerir medidas proactivas para apoiar os alunos antes que os problemas se agravem.

Atribuição de recursos: A gestão eficaz dos recursos é essencial para o bom funcionamento da sala de aula. As ferramentas de IA podem analisar padrões de utilização e sugerir a melhor afetação de recursos, como manuais escolares, ferramentas digitais e materiais de sala de aula. Isto garante que os recursos são utilizados de forma eficiente e eficaz para apoiar o ensino e a aprendizagem.

Melhorar a produtividade e o bem-estar dos professores

Os benefícios da IA na gestão da sala de aula estendem-se à melhoria da produtividade e do bem-estar dos professores. Ao automatizar tarefas morosas e ao fornecer informações úteis, as ferramentas de IA ajudam a reduzir a carga de trabalho e o stress dos professores, permitindo-lhes concentrarem-se naquilo que fazem melhor - ensinar.

Desenvolvimento profissional: As ferramentas de IA podem apoiar o desenvolvimento profissional dos professores, identificando as áreas em que podem necessitar de formação ou recursos adicionais. As recomendações personalizadas para actividades de desenvolvimento profissional ajudam os professores a melhorar continuamente as suas competências e a manterem-se actualizados com as práticas educativas mais recentes.

Gestão do volume de trabalho: Os sistemas orientados para a IA podem ajudar os professores a gerir o seu volume de trabalho de forma mais eficaz, dando prioridade às tarefas e fornecendo lembretes para prazos importantes. Isto ajuda a evitar o esgotamento e garante que os professores possam manter um equilíbrio saudável entre a vida profissional e pessoal.

Sistemas de apoio: As ferramentas de IA podem fornecer apoio a pedido aos professores, respondendo a perguntas e oferecendo soluções para desafios comuns de gestão da sala de aula. Este acesso instantâneo ao apoio pode ser inestimável, especialmente para os novos professores que ainda estão a desenvolver as suas competências de gestão da sala de aula.

Automatização de tarefas administrativas na educação

A integração da inteligência artificial (IA) no sector da educação trouxe mudanças significativas, especialmente no domínio das tarefas administrativas. Estas tarefas, que antes exigiam tempo e esforço consideráveis, podem agora ser geridas de forma eficiente com a ajuda da IA, permitindo que os educadores e administradores se concentrem mais no ensino e na interação com os alunos.

O âmbito das tarefas administrativas na educação

As tarefas administrativas no domínio da educação abrangem uma vasta gama de actividades que garantem o bom funcionamento das instituições de ensino. Estas tarefas incluem a inscrição dos alunos, o controlo da assiduidade, a gestão das notas, a programação, a comunicação com os pais e os alunos e a atribuição de recursos, entre outras. Tradicionalmente, estas tarefas têm sido manuais e demoradas, desviando frequentemente a atenção das actividades educativas essenciais. O advento da IA oferece uma solução para simplificar estes processos, melhorando a eficiência e a precisão.

Inscrições e admissões com base em IA

Uma das primeiras áreas em que a IA teve um impacto substancial foi no processo de inscrição e admissão. Os sistemas orientados para a IA podem gerir candidaturas, verificar documentos e até classificar os candidatos com base em critérios predefinidos. Ao automatizar estes passos, as instituições de ensino podem lidar com grandes volumes de candidaturas com maior rapidez e precisão. Além disso, a IA pode fornecer uma comunicação personalizada aos potenciais alunos, respondendo às suas questões e fornecendo informações sobre a instituição, melhorando assim a experiência global de admissão.

Acompanhamento e controlo da assiduidade

A tecnologia de IA revolucionou o controlo de assiduidade, passando das chamadas manuais para sistemas automatizados. A tecnologia de reconhecimento facial, por exemplo, pode registar automaticamente a assiduidade dos alunos à medida que entram na sala de aula. Estes sistemas não só poupam tempo como também reduzem os erros associados à introdução manual. Além disso, a IA pode analisar padrões de assiduidade e identificar potenciais problemas, como ausências frequentes, permitindo uma intervenção atempada e apoio aos alunos que possam precisar.

Gestão e avaliação de notas

A gestão de notas e avaliações é outra área administrativa em que a IA se revela inestimável. As plataformas alimentadas por IA podem classificar testes de escolha múltipla e até alguns tipos de trabalhos escritos, fornecendo feedback instantâneo aos alunos. No caso de avaliações mais complexas, a IA pode ajudar os professores, destacando as principais áreas que precisam de ser revistas, acelerando assim o processo de classificação. Além disso, estes sistemas podem armazenar e analisar os dados de desempenho dos alunos ao longo do tempo, oferecendo informações sobre as tendências académicas e ajudando os educadores a adaptar as suas estratégias de ensino às necessidades dos alunos.

Programação eficiente

Criar horários que acomodem várias turmas, professores e recursos é uma tarefa complexa que a IA pode simplificar. Os sistemas de programação orientados por IA podem considerar múltiplas variáveis, como a disponibilidade de salas, as preferências dos professores e os requisitos dos alunos, para gerar horários óptimos. Estes sistemas podem ajustar-se rapidamente a alterações, como ausências inesperadas ou indisponibilidade de salas, garantindo uma perturbação mínima do processo educativo. Ao automatizar a programação, as escolas podem garantir uma utilização mais eficiente dos seus recursos e proporcionar um melhor ambiente de aprendizagem aos alunos.

Melhorar a comunicação

A comunicação eficaz entre educadores, alunos e pais é crucial para o sucesso de qualquer instituição de ensino. Os chatbots e as plataformas de comunicação alimentados por IA podem tratar de questões de rotina, fornecer actualizações sobre o progresso dos alunos e facilitar a comunicação entre pais e professores. Estas ferramentas podem funcionar 24 horas por dia, 7 dias por semana, assegurando que as partes interessadas têm acesso à informação sempre que precisam dela. Além disso, a IA pode analisar padrões de comunicação para identificar áreas em que pode ser necessário apoio ou intervenção adicional, melhorando ainda mais a experiência educativa.

Atribuição e gestão de recursos

A gestão de recursos como manuais escolares, materiais de sala de aula e instalações é outra tarefa administrativa que a IA pode otimizar. Os sistemas de IA podem monitorizar a utilização de recursos, prever necessidades futuras e automatizar o processo de encomenda. Isto garante que os recursos estão disponíveis quando são necessários, reduzindo o tempo de inatividade e melhorando a eficiência global da instituição. Além disso, a IA pode ajudar na gestão dos orçamentos, fornecendo informações detalhadas sobre os padrões de despesa e identificando áreas onde é possível obter poupanças de custos.

Gestão de dados e relatórios

As instituições de ensino geram grandes quantidades de dados, desde registos de alunos a relatórios financeiros. A IA pode automatizar a recolha, o armazenamento e a análise destes dados, garantindo a exatidão e a conformidade com os requisitos regulamentares. Os sistemas de gestão de dados orientados para a IA podem gerar relatórios sobre vários aspectos das operações da instituição, fornecendo aos administradores informações valiosas que podem informar a tomada de decisões. Ao automatizar a gestão de dados, as escolas podem reduzir a carga administrativa do pessoal e melhorar a qualidade dos seus dados.

Benefícios da automatização de tarefas administrativas

A automatização das tarefas administrativas no sector da educação oferece inúmeras vantagens:

Eficiência: A automatização das tarefas de rotina liberta tempo aos educadores e administradores, permitindo-lhes concentrarem-se em actividades mais importantes, como o ensino e o apoio aos alunos.

Exatidão: Os sistemas de IA reduzem o risco de erro humano, assegurando que tarefas como o controlo da assiduidade e a gestão de notas são realizadas com maior precisão.

Poupança de custos: Ao simplificar os processos e otimizar a atribuição de recursos, a IA pode ajudar as instituições de ensino a reduzir os custos operacionais.

Melhoria da tomada de decisões: A IA fornece informações valiosas através da análise de dados, permitindo aos administradores tomar decisões informadas que melhoram a experiência educativa.

Melhoria da experiência dos alunos: Com a automatização das tarefas administrativas, os educadores podem dedicar mais tempo e atenção aos alunos, melhorando a qualidade geral do ensino.

Desafios e considerações

Embora as vantagens da automatização das tarefas administrativas sejam significativas, há também desafios e considerações a ter em conta:

Privacidade e segurança: O tratamento de dados sensíveis dos alunos exige medidas de segurança robustas para impedir o acesso não autorizado e garantir a conformidade com os regulamentos de proteção de dados.

Custos de implementação: O investimento inicial em tecnologia de IA pode ser substancial e as instituições devem ponderar estes custos em relação aos benefícios a longo prazo.

Formação e adaptação: Os educadores e os administradores precisam de formação para utilizar eficazmente as ferramentas de IA. Também pode haver resistência à mudança, o que exige uma gestão e apoio cuidadosos.

Dependência da tecnologia: A dependência excessiva da IA pode colocar riscos se os sistemas falharem ou se houver problemas com a integração da tecnologia.

Análise Comportamental e Estratégias de Intervenção na Educação

A análise comportamental e as estratégias de intervenção desempenham um papel fundamental na promoção de um ambiente de aprendizagem propício e na promoção de resultados positivos para os alunos. No domínio da educação, compreender o comportamento dos alunos é crucial para identificar desafios, abordar questões subjacentes e implementar intervenções eficazes para apoiar o desenvolvimento académico e socioemocional. Com o advento das tecnologias de inteligência artificial (IA), os educadores têm agora à sua disposição ferramentas poderosas para analisar o comportamento dos alunos de forma mais abrangente e implementar estratégias de intervenção direccionadas.

Compreender a análise comportamental

A análise comportamental na educação envolve a observação e avaliação sistemáticas do comportamento dos alunos para obter informações sobre os seus processos de aprendizagem, interacções sociais e bem-estar emocional. Ao examinar padrões, tendências e factores desencadeadores, os educadores podem identificar os factores que influenciam o comportamento dos alunos e adaptar as intervenções em conformidade. Os métodos tradicionais de análise comportamental baseiam-se frequentemente na observação manual, em inquéritos e em avaliações subjectivas, que podem consumir muito tempo e ser tendenciosos.

O papel da IA na análise comportamental

As tecnologias de IA oferecem soluções inovadoras para automatizar e melhorar a análise comportamental no sector da educação. Os algoritmos de aprendizagem automática podem analisar grandes quantidades de dados, incluindo métricas de desempenho dos alunos, registos de assiduidade e padrões de comportamento, para identificar correlações e prever comportamentos futuros. As técnicas de processamento de linguagem natural (PNL) permitem a análise de sentimentos da comunicação escrita e falada, fornecendo informações sobre as atitudes e emoções dos alunos. Além disso, as ferramentas baseadas em IA podem monitorizar as interacções em tempo real em ambientes de aprendizagem digital, como fóruns em linha e salas de aula virtuais, para detetar sinais de envolvimento ou desinteresse.

Benefícios da análise comportamental baseada em IA

A integração da IA na análise comportamental oferece várias vantagens tanto para os educadores como para os alunos:

Intervenção precoce: Os algoritmos de IA podem detetar sinais de alerta precoce de dificuldades académicas ou problemas comportamentais, permitindo que os educadores intervenham prontamente e forneçam apoio direcionado.

Aprendizagem personalizada: Ao analisar os estilos e preferências de aprendizagem individuais, a IA pode recomendar recursos de aprendizagem personalizados e estratégias adaptativas para otimizar o envolvimento e os resultados dos alunos.

Tomada de decisões com base em dados: As informações geradas pela IA permitem a tomada de decisões baseadas em dados no sector da educação, permitindo que os educadores façam escolhas informadas relativamente a estratégias de ensino, gestão da sala de aula e serviços de apoio aos alunos.

Eficiência e exatidão: A IA automatiza o processo de análise de dados, poupando tempo e recursos aos educadores, ao mesmo tempo que garante consistência e precisão nas avaliações comportamentais.

Melhoria contínua: Os algoritmos de IA podem aprender e adaptar-se ao longo do tempo com base no feedback e em novos dados, aperfeiçoando continuamente as suas capacidades de previsão e estratégias de intervenção.

Estratégias de intervenção apoiadas pela IA

Para além da análise comportamental, as tecnologias de IA facilitam a aplicação de estratégias de intervenção específicas para responder às necessidades dos alunos e promover resultados positivos:

Caminhos de aprendizagem personalizados: As plataformas de aprendizagem adaptativa alimentadas por IA podem ajustar o ritmo, o nível e o conteúdo da instrução com base no progresso e desempenho individual do aluno, fornecendo suporte personalizado para diversas necessidades de aprendizagem.

Mentoria e treino virtuais: Os chatbots de IA e os mentores virtuais podem oferecer orientação e apoio personalizados aos alunos fora da sala de aula, respondendo a perguntas, fornecendo feedback e dando sugestões motivacionais.

Gamificação e recompensas: As plataformas de gamificação baseadas em IA podem incentivar comportamentos positivos e resultados académicos através de recompensas, distintivos e incentivos virtuais, promovendo um sentimento de realização e motivação entre os alunos.

Intervenções comportamentais: Os algoritmos de IA podem identificar os alunos em risco de problemas comportamentais ou de desinteresse e recomendar intervenções específicas, como sessões de aconselhamento, grupos de apoio de pares ou técnicas de modificação do comportamento.

Envolvimento dos pais: As ferramentas de comunicação baseadas em IA podem facilitar a comunicação proactiva entre educadores e pais, fornecendo actualizações em tempo real sobre o progresso, o comportamento e a assiduidade dos alunos e permitindo a resolução colaborativa de problemas e estratégias de apoio.

Considerações e desafios éticos

Embora a IA seja muito promissora para melhorar a análise comportamental e as estratégias de intervenção no domínio da educação, também levanta considerações e desafios éticos que devem ser abordados:

Privacidade e segurança dos dados: Os sistemas de IA requerem o acesso a dados sensíveis dos alunos, o que suscita preocupações em matéria de privacidade, segurança dos dados e consentimento. Os educadores devem garantir o cumprimento de regulamentos como a Lei dos Direitos Educativos e da Privacidade da Família (FERPA) e implementar medidas robustas de proteção de dados.

Preconceito e equidade: Os algoritmos de IA podem perpetuar ou amplificar os enviesamentos presentes nos dados utilizados para a formação, conduzindo a resultados injustos ou discriminatórios. Os educadores devem atenuar os preconceitos através da transparência dos algoritmos, de testes de equidade e de dados de formação sensíveis à diversidade.

Autonomia e agência: As intervenções baseadas em IA levantam questões sobre a autonomia e a ação dos alunos, uma vez que os sistemas automatizados podem limitar a escolha e a liberdade individuais. Os educadores devem encontrar um equilíbrio entre autonomia e intervenção, dando aos alunos a possibilidade de tomarem decisões informadas, ao mesmo tempo que fornecem o apoio e a orientação necessários.

Responsabilidade algorítmica: Os educadores devem garantir a responsabilização e a transparência nos processos de tomada de decisão baseados na IA, permitindo que as partes interessadas compreendam como funcionam os algoritmos, como são tomadas as decisões e como resolver erros ou preconceitos.

Melhorar a comunicação e a colaboração na educação através da IA

No panorama da educação, a comunicação e a colaboração eficazes são fundamentais para promover um ambiente de aprendizagem enriquecedor. Tradicionalmente, estes aspectos têm dependido muito das interacções presenciais e da coordenação manual. No entanto, com o advento da Inteligência Artificial (IA), surgem novas oportunidades para revolucionar a forma como a comunicação e a colaboração são facilitadas nos contextos educativos.

Plataformas de comunicação baseadas em IA

As plataformas de comunicação baseadas em IA funcionam como a espinha dorsal para promover interacções perfeitas nas comunidades educativas. Estas plataformas utilizam algoritmos de processamento de linguagem natural (PNL) e de aprendizagem automática para simplificar os canais de comunicação, automatizar tarefas administrativas e personalizar as experiências dos utilizadores. Os exemplos incluem salas de aula virtuais, chatbots e ferramentas de colaboração adaptadas para fins educativos.

As salas de aula virtuais representam uma pedra angular da comunicação baseada na IA no sector da educação. Estas plataformas simulam ambientes físicos de sala de aula em espaços digitais, permitindo interacções em tempo real entre estudantes e educadores, independentemente das restrições geográficas. Funcionalidades como a videoconferência, os quadros interactivos e as mensagens instantâneas facilitam debates dinâmicos e o intercâmbio de conhecimentos. Além disso, os algoritmos de IA podem analisar o envolvimento dos participantes e sugerir intervenções personalizadas para otimizar os resultados da aprendizagem.

Os chatbots surgiram como activos inestimáveis para responder a questões comuns, prestar assistência atempada e oferecer apoio personalizado a estudantes e educadores. Estes assistentes com tecnologia de IA utilizam a PNL para compreender a linguagem natural e dar respostas relevantes. Podem ajudar nas tarefas administrativas, oferecer recursos de aprendizagem e até dar apoio emocional através de interacções empáticas. Ao aliviar os educadores de tarefas repetitivas, os chatbots libertam tempo para um envolvimento mais significativo com os alunos.

As ferramentas de colaboração melhoradas com capacidades de IA permitem aos estudantes e educadores colaborar em projectos, partilhar recursos e dar feedback em tempo real. Estas plataformas facilitam a colaboração síncrona e assíncrona, acomodando diversas preferências e horários de aprendizagem. Os algoritmos de IA podem analisar padrões de colaboração, identificar áreas de melhoria e oferecer sugestões para melhorar o trabalho em equipa e a produtividade. Ao promoverem uma cultura de colaboração, estas ferramentas cultivam competências essenciais do século XXI, como a comunicação, o trabalho em equipa e a resolução de problemas.

Comunicação e feedback personalizados

As tecnologias de IA permitem que os educadores forneçam comunicação e feedback personalizados, adaptados às necessidades únicas de cada aluno e à sua trajetória de aprendizagem. Através da análise de dados e da aprendizagem automática, os sistemas de IA podem analisar o desempenho dos alunos, identificar pontos fortes e fracos e oferecer intervenções direccionadas para apoiar o crescimento individual. O feedback personalizado, fornecido em tempo útil, ajuda os alunos a acompanhar o seu progresso, a identificar áreas de melhoria e a manterem-se motivados ao longo do seu percurso de aprendizagem.

As plataformas de aprendizagem adaptativa utilizam algoritmos de IA para ajustar dinamicamente o conteúdo e as actividades de aprendizagem com base nos níveis de proficiência, estilos de aprendizagem e preferências individuais. Estas plataformas apresentam aos alunos percursos de aprendizagem personalizados, facilitando o seu progresso e fornecendo apoio adicional sempre que necessário. Além disso, as avaliações adaptativas permitem aos educadores avaliar o domínio dos alunos em tempo real e adaptar a instrução em conformidade, garantindo que cada aluno recebe o nível adequado de desafio e apoio.

Para além do feedback personalizado sobre o desempenho académico, os sistemas de IA podem também prestar apoio socio-emocional aos alunos. Através da análise de sentimentos e da computação afectiva, estes sistemas podem detetar sinais emocionais nas interacções dos alunos e oferecer respostas de apoio. Quer se trate de sentimentos de frustração, confusão ou aborrecimento, as intervenções baseadas em IA podem fornecer apoio e orientação empáticos, promovendo um ambiente de aprendizagem positivo em que os alunos se sintam compreendidos e valorizados.

Melhorar a colaboração entre educadores e o desenvolvimento profissional

As tecnologias de IA não só facilitam a comunicação e a colaboração entre os alunos, como também permitem que os educadores colaborem de forma mais eficaz e se envolvam num desenvolvimento profissional contínuo. As comunidades em linha e as plataformas de aprendizagem social proporcionam aos educadores oportunidades de se ligarem a colegas, partilharem boas práticas e acederem a recursos para melhorarem a sua prática de ensino. Os algoritmos de IA podem analisar as interacções dos utilizadores nestas plataformas, identificar conteúdos relevantes e recomendar oportunidades de aprendizagem personalizadas, adaptadas aos objectivos e interesses profissionais de cada educador.

Além disso, as ferramentas de análise baseadas em IA permitem que os educadores recolham informações dos dados dos alunos, acompanhem o progresso ao longo do tempo e identifiquem padrões que informam a tomada de decisões de ensino. Ao tirar partido das informações baseadas em dados, os educadores podem personalizar a instrução, diferenciar as experiências de aprendizagem e prestar apoio direcionado aos alunos que possam estar com dificuldades. Além disso, as ferramentas de avaliação alimentadas por IA facilitam o processo de classificação, fornecendo aos educadores feedback acionável para orientar o planeamento da instrução e as estratégias de intervenção.

Superação de desafios e considerações éticas

Embora as tecnologias de IA ofereçam inúmeros benefícios para melhorar a comunicação e a colaboração na educação, também colocam desafios e considerações éticas que devem ser abordados. As preocupações relacionadas com a privacidade dos dados, a segurança, a parcialidade e a transparência algorítmica exigem uma análise cuidadosa e medidas proactivas para atenuar os riscos e garantir a utilização ética da IA em contextos educativos. Além disso, as disparidades no acesso à tecnologia e às competências de literacia digital podem exacerbar as desigualdades existentes, sublinhando a importância de promover o acesso equitativo e as práticas inclusivas em ambientes de aprendizagem baseados na tecnologia.

CAPÍTULO 7

Considerações éticas e privacidade de dados

Ashwani Kumar

Escola de Engenharia e Tecnologia

K. R. Mangalam University, Gurugram, Haryana, Índia

Sanjay Singh

Departamento de Informática

NIET, Greater Noida, Uttar Pradesh, Índia

Introdução

À medida que a inteligência artificial (IA) continua a permear vários aspectos das nossas vidas, a sua integração na educação levanta questões éticas profundas. Embora a IA seja imensamente promissora para melhorar as experiências de aprendizagem e os resultados educativos, a sua utilização também suscita uma série de considerações éticas que devem ser cuidadosamente abordadas. Desde questões de privacidade de dados e preconceitos algorítmicos até preocupações com o acesso equitativo e a erosão das relações humanas, as implicações éticas da IA na educação são complexas e multifacetadas.

Uma das principais preocupações éticas em torno da IA na educação é a questão da privacidade dos dados. Com a recolha e análise generalizadas dos dados dos alunos para personalizar as experiências de aprendizagem e otimizar os resultados educativos, existe um risco crescente de violação da privacidade e de utilização não autorizada de informações sensíveis. As instituições de ensino e os fornecedores de tecnologia devem dar prioridade à proteção dos dados dos alunos através de medidas de segurança robustas e de práticas transparentes de tratamento de dados. Além disso, as partes interessadas devem garantir que os alunos e as suas famílias são devidamente informados sobre a forma como os seus dados estão a ser utilizados e têm a oportunidade de consentir a sua recolha e processamento.

Outro desafio ético associado à IA na educação é a questão do preconceito algorítmico. Os algoritmos de IA, em particular os utilizados para a avaliação dos alunos e a tomada de decisões, têm o potencial de perpetuar e exacerbar os preconceitos existentes nos sistemas educativos. Por exemplo, os algoritmos tendenciosos podem prejudicar injustamente certos grupos demográficos ou reforçar estereótipos baseados na raça, no género ou no estatuto socioeconómico. Para atenuar o enviesamento algorítmico, é essencial avaliar e validar rigorosamente os sistemas de IA em termos de justiça e equidade, bem como implementar mecanismos para detetar e resolver o enviesamento quando este surge.

O acesso equitativo a ferramentas e recursos educativos baseados em IA é também uma preocupação ética importante. Embora a IA tenha o potencial de nivelar o campo de jogo e fornecer suporte personalizado a alunos de diversas origens e habilidades, existe o risco de exacerbar as disparidades existentes no acesso à educação de qualidade. Os alunos de comunidades marginalizadas ou de escolas com poucos recursos podem não ter as infra-estruturas, a conetividade ou a formação necessárias para beneficiarem plenamente das experiências de aprendizagem baseadas na IA. Para enfrentar este desafio, as partes interessadas devem trabalhar para colmatar o fosso digital, garantindo o acesso equitativo à tecnologia e promovendo princípios de design inclusivos que acomodem diversas necessidades de aprendizagem.

Além disso, a adoção generalizada da IA na educação levanta questões sobre o papel dos educadores e a natureza das relações humanas no processo de aprendizagem. Dado que os sistemas de IA assumem tarefas cada vez mais complexas, tradicionalmente desempenhadas pelos professores, existe a preocupação de que possam minar a ligação humana e a dinâmica interpessoal que são parte integrante de um ensino e aprendizagem eficazes. Embora a IA possa aumentar as capacidades dos educadores e simplificar as tarefas administrativas, não pode substituir totalmente as interacções empáticas e matizadas que são fundamentais para experiências educativas significativas. Assim, é essencial encontrar um equilíbrio entre o aproveitamento da IA para melhorar a pedagogia e a preservação do papel insubstituível dos educadores humanos na promoção do crescimento e desenvolvimento dos alunos.

Para além destes desafios éticos, o ritmo acelerado dos avanços tecnológicos e a complexidade dos sistemas de IA colocam dilemas permanentes à tomada de decisões éticas no domínio da educação. À medida que a IA se torna mais sofisticada e autónoma, surgem questões sobre a responsabilidade, a transparência e a delegação da autoridade de tomada de decisões. Quem é o responsável final quando um algoritmo de IA comete um erro ou produz resultados indesejáveis? Como é que os educadores e os decisores políticos podem garantir a transparência e a responsabilização no desenvolvimento e na implementação de sistemas de IA na educação? Estas são questões prementes que exigem uma análise cuidadosa e medidas proactivas para as resolver.

Apesar destes desafios éticos, a IA também oferece oportunidades para fazer avançar os princípios e valores éticos na educação. Ao promover a transparência, a responsabilidade e a inclusão na conceção e implementação de sistemas de IA, as partes interessadas podem aproveitar o potencial da IA para promover a equidade, o acesso e a justiça social na educação. Além disso, ao fomentar as competências de pensamento crítico e a literacia ética entre os estudantes, os educadores podem capacitar a próxima geração para navegar de forma responsável pelas complexidades éticas da era digital.

Preocupações com a privacidade dos dados e regulamentação da IA na educação

No panorama contemporâneo da tecnologia da educação, a integração da Inteligência Artificial (IA) traz uma infinidade de oportunidades de aprendizagem personalizada, maior envolvimento dos alunos e tomada de decisões baseadas em dados. No entanto, no meio das promessas destes avanços, existe uma preocupação fundamental que não pode ser negligenciada - a privacidade dos dados. À medida que os algoritmos de IA recolhem, processam e analisam grandes quantidades de dados dos alunos, surgem questões relacionadas com a privacidade, a segurança e a utilização ética desses dados.

Preocupações com a privacidade dos dados no ensino da IA:

A utilização da IA em ambientes educativos introduz vários desafios à privacidade dos dados, decorrentes da extensa recolha e utilização dos dados dos alunos. Uma das principais preocupações prende-se com a natureza sensível da informação recolhida, incluindo métricas de desempenho dos alunos, padrões de comportamento e identificadores pessoais. A agregação desses dados suscita apreensões quanto ao potencial de utilização indevida, acesso não autorizado e violação da confidencialidade.

Além disso, a omnipresença de aplicações orientadas para a IA, desde plataformas de aprendizagem adaptativa a tutores virtuais, intensifica o âmbito e a escala da recolha de dados. As interacções dos alunos com estas plataformas geram uma grande quantidade de pontos de dados, fornecendo informações sobre as suas preferências de aprendizagem, pontos fortes e fracos. Embora estes dados possam informar experiências de aprendizagem personalizadas, também levantam dilemas éticos relativamente à extensão da vigilância e às implicações da definição de perfis algorítmicos na autonomia e privacidade dos estudantes.

Além disso, a natureza interligada dos ecossistemas educativos amplia o risco de exposição de dados e vulnerabilidades. Fornecedores terceiros, serviços baseados em nuvem e instituições educacionais colaboram para fornecer soluções habilitadas para IA, necessitando de protocolos robustos de compartilhamento de dados e medidas de criptografia para mitigar o risco de violações de dados e ameaças cibernéticas.

Quadros regulamentares e medidas de conformidade:

Em resposta às crescentes preocupações em torno da privacidade dos dados no ensino da IA, os organismos reguladores promulgaram legislação e estabeleceram estruturas para salvaguardar a informação dos alunos e defender os direitos de privacidade. Um exemplo notável é o Regulamento Geral de Proteção de Dados (RGPD) implementado pela União Europeia, que impõe requisitos rigorosos para o processamento, armazenamento e partilha de dados pessoais.

Do mesmo modo, nos Estados Unidos, a Lei dos Direitos Educativos e da Privacidade da Família (FERPA) serve de pedra angular para proteger os direitos de privacidade dos estudantes, regulando o acesso aos registos educativos e garantindo o consentimento dos pais para a divulgação de informações sensíveis. Além disso, a Lei de Proteção da Privacidade em Linha das Crianças (COPPA) impõe restrições à recolha de dados pessoais de crianças com menos de 13 anos, abrangendo plataformas educativas em linha e aplicações de IA destinadas a jovens aprendentes.

Além disso, as instituições de ensino estão a adotar proactivamente tecnologias de reforço da privacidade e a adotar princípios de privacidade desde a conceção para incorporar medidas de proteção de dados na estrutura dos sistemas de IA. As técnicas de encriptação, anonimização e privacidade diferencial são utilizadas para minimizar o risco de exposição dos dados, preservando simultaneamente a utilidade dos conhecimentos orientados para a IA.

Considerações éticas e boas práticas:

Para além da conformidade regulamentar, as considerações éticas desempenham um papel fundamental na navegação no complexo terreno da privacidade dos dados no ensino da IA. Educadores, administradores e desenvolvedores de tecnologia devem aderir a diretrizes éticas e defender princípios de transparência, responsabilidade e consentimento informado.

A comunicação transparente com as partes interessadas, incluindo alunos, pais e educadores, é essencial para fomentar a confiança e promover práticas de dados responsáveis. Políticas claras que descrevem as práticas de recolha de dados, as finalidades de utilização e os períodos de retenção permitem que os indivíduos tomem decisões informadas sobre as suas preferências e direitos em matéria de privacidade.

Além disso, a promoção de uma cultura de literacia de dados e de cidadania digital é imperativa para dotar os alunos de conhecimentos e competências que lhes permitam navegar no panorama digital de forma responsável. Os educadores desempenham um papel crucial na educação dos alunos sobre os seus direitos, responsabilidades e implicações éticas da utilização da tecnologia, capacitando-os para se tornarem cidadãos digitais conscientes.

Os esforços de colaboração entre o meio académico, a indústria e os organismos reguladores são essenciais para enfrentar os desafios emergentes e fazer avançar as normas éticas no ensino da IA. Iniciativas de várias partes interessadas, como a Partnership on AI e a Global Privacy Assembly, facilitam o diálogo intersectorial e a partilha de conhecimentos para promover as melhores práticas e fomentar uma cultura de inovação responsável.

Equilibrar os benefícios da IA com as responsabilidades éticas

É fundamental equilibrar os benefícios da inteligência artificial (IA) com as responsabilidades éticas, uma vez que a sociedade integra cada vez mais a IA em vários domínios, incluindo a educação, os cuidados de saúde, as finanças e outros. Embora a IA ofereça um enorme potencial para aumentar a eficiência, a exatidão e a inovação, a sua aplicação levanta questões éticas que devem ser cuidadosamente abordadas para garantir a equidade, a transparência e a responsabilidade. No domínio da educação, onde a IA está a remodelar as experiências de ensino e aprendizagem, navegar nestas complexidades éticas é crucial para aproveitar todo o seu potencial, salvaguardando o bem-estar e os direitos dos alunos, educadores e outras partes interessadas.

Uma das principais considerações éticas na implantação da IA na educação gira em torno da equidade e da mitigação de preconceitos. Os sistemas de IA dependem de dados para tomar decisões e fazer previsões, e se esses dados forem tendenciosos ou incompletos, podem perpetuar ou mesmo exacerbar as desigualdades existentes. Por exemplo, os algoritmos de IA usados em processos de admissão ou plataformas de aprendizagem personalizadas podem favorecer involuntariamente certos dados demográficos ou reforçar estereótipos, levando a resultados injustos. Para resolver isso, os desenvolvedores e educadores devem priorizar a integridade dos dados, a transparência do algoritmo e o monitoramento contínuo para detetar e mitigar vieses. Além disso, a diversidade e a inclusão devem ser parte integrante dos processos de conceção e implementação da IA para garantir um acesso e oportunidades equitativos para todos os alunos.

A transparência e a explicabilidade são também considerações éticas essenciais na educação baseada na IA. À medida que os sistemas de IA se tornam mais complexos e autónomos, compreender como tomam decisões torna-se cada vez mais difícil. Em contextos educativos, onde a confiança entre alunos, educadores e sistemas de IA é crucial, a transparência sobre o funcionamento dos algoritmos de IA e a razão pela qual certas recomendações ou acções são tomadas é essencial. Os educadores e os programadores devem esforçar-se por tornar os processos de IA e os mecanismos de tomada de decisões transparentes e compreensíveis para todas as partes interessadas, dando-lhes a possibilidade de questionar, desafiar e melhorar os sistemas de IA quando necessário. Além disso, a promoção de uma cultura de transparência e abertura em torno da IA pode promover a confiança, a responsabilização e a utilização responsável em ambientes educativos.

A privacidade e a proteção de dados surgem como preocupações éticas fundamentais na era da educação impulsionada pela IA. Os sistemas de IA recolhem e analisam frequentemente grandes quantidades de dados sensíveis dos alunos, incluindo o desempenho académico, padrões de comportamento e informações pessoais. Proteger esses dados contra acesso não autorizado, uso indevido ou exploração é fundamental para proteger os direitos de privacidade dos alunos e manter a confiança nas instituições educacionais. Devem ser implementadas estruturas robustas de gestão de dados, incluindo encriptação, anonimização e controlos de acesso, para garantir a confidencialidade, integridade e disponibilidade dos dados dos alunos ao longo do seu ciclo de vida. Além disso, os educadores e os decisores políticos devem aderir aos regulamentos de privacidade relevantes, como a Lei dos Direitos Educativos e da Privacidade da Família (FERPA) nos Estados Unidos, e defender os princípios éticos do consentimento informado, da minimização dos dados e da limitação da finalidade ao recolher e processar dados de estudantes para aplicações de IA.

Outra consideração ética na educação orientada para a IA é a prestação de contas e a responsabilidade pelos resultados gerados pela IA. Embora os sistemas de IA possam automatizar tarefas, fornecer recomendações e otimizar processos, não estão imunes a erros, preconceitos ou consequências não intencionais. Quando os algoritmos de IA cometem erros ou produzem resultados indesejáveis, determinar a responsabilização e a responsabilidade pode ser um desafio, especialmente em sistemas sociotécnicos complexos que envolvem várias partes interessadas. Educadores, programadores, decisores políticos e instituições devem estabelecer linhas claras de responsabilidade e responsabilização pela conceção, implementação e funcionamento dos sistemas de IA. Isto inclui a definição de papéis, deveres e autoridade de tomada de decisões, bem como o estabelecimento de mecanismos de reparação, remediação e responsabilização em casos de danos ou injustiças relacionados com a IA.

Além disso, as considerações éticas vão para além dos aspectos técnicos da IA, abrangendo impactos sociais mais amplos e dilemas éticos. Por exemplo, a utilização da IA na educação levanta questões sobre o papel do julgamento humano, da empatia e do raciocínio ético no ensino e na aprendizagem. Embora a IA possa aumentar as capacidades dos educadores e personalizar as experiências de aprendizagem, não pode substituir os elementos humanos de mentoria, orientação e educação moral. Os educadores devem encontrar um equilíbrio entre o aproveitamento das ferramentas de IA para aumentar a eficiência e a eficácia, preservando ao mesmo tempo os valores centrados no ser humano, como a empatia, a compaixão e a tomada de decisões éticas. Da mesma forma, os estudantes precisam de desenvolver competências de pensamento crítico, literacia digital e consciência ética para navegar pelas implicações éticas da IA nos seus percursos de aprendizagem e carreiras futuras.

Desenvolver políticas éticas de IA para a educação

No atual panorama tecnológico em rápida evolução, a inteligência artificial (IA) surgiu como uma ferramenta poderosa com potencial transformador em vários sectores, incluindo a educação. A IA oferece oportunidades promissoras para melhorar as experiências de ensino e aprendizagem, personalizar a educação e melhorar os resultados educativos. No entanto, com estas oportunidades vêm considerações éticas que devem ser abordadas para garantir uma implementação responsável e equitativa da IA na educação.

Importância das políticas éticas de IA na educação:

medida que as tecnologias de IA se integram cada vez mais nos sistemas educativos, é essencial estabelecer directrizes éticas claras para reger a sua utilização. As políticas éticas em matéria de IA servem vários objectivos cruciais:

Proteção da privacidade dos alunos: Os sistemas de IA recolhem e analisam frequentemente grandes quantidades de dados sobre os comportamentos e as preferências de aprendizagem dos alunos. As políticas éticas de IA devem dar prioridade à proteção da privacidade dos alunos e garantir que os dados sensíveis são tratados de forma segura e responsável.

Promover a equidade e a inclusão: A IA tem o potencial de exacerbar as desigualdades existentes na educação se não for implementada cuidadosamente. As políticas éticas de IA devem ter como objetivo atenuar os preconceitos e promover o acesso equitativo às oportunidades educativas para todos os alunos, independentemente da sua origem ou identidade.

Garantir a transparência e a responsabilização: As instituições educativas e as partes interessadas devem ser transparentes sobre a forma como as tecnologias de IA estão a ser utilizadas na sala de aula e responsáveis pelos seus impactos nos alunos e nos resultados da aprendizagem. As políticas éticas de IA podem ajudar a estabelecer directrizes claras para a implementação responsável da IA e para os processos de tomada de decisão.

Proteção contra danos: Os sistemas de IA têm a capacidade de influenciar o comportamento, as crenças e as atitudes dos alunos. As políticas éticas de IA devem dar prioridade à prevenção de danos para os alunos, educadores e comunidades educativas, incluindo riscos como o enviesamento algorítmico, a desinformação e a manipulação psicológica.

Princípios éticos fundamentais para a IA na educação:

Vários princípios éticos podem orientar o desenvolvimento de políticas de IA para a educação:

Transparência: As instituições de ensino devem ser transparentes quanto à utilização de tecnologias de IA em ambientes educativos, incluindo a forma como os dados são recolhidos, analisados e utilizados para informar os processos de tomada de decisão.

Equidade e inclusão: Os sistemas de IA devem ser concebidos e implementados de forma a promover o acesso equitativo às oportunidades educativas para todos os alunos, independentemente do seu estatuto socioeconómico, raça, sexo ou outros factores.

Privacidade e proteção de dados: As políticas éticas de IA devem dar prioridade à proteção da privacidade dos estudantes e garantir que os dados recolhidos pelos sistemas de IA são tratados de forma segura, ética e em conformidade com os regulamentos e normas relevantes.

Responsabilidade: As instituições de ensino e as partes interessadas devem ser responsáveis pela utilização ética das tecnologias de IA na educação, incluindo o controlo e a resolução de potenciais enviesamentos, erros ou consequências não intencionais.

Equidade e atenuação de preconceitos: Os algoritmos de IA devem ser concebidos e avaliados para minimizar os enviesamentos e garantir um tratamento justo e imparcial de todos os alunos, independentemente das suas características individuais ou antecedentes.

Desafios na implementação de políticas éticas de IA:

Embora o desenvolvimento de políticas éticas de IA seja fundamental, a sua aplicação efectiva coloca vários desafios:

Falta de sensibilização e de conhecimentos especializados: Muitas instituições de ensino podem não ter a consciência ou os conhecimentos necessários para desenvolver e implementar políticas éticas de IA de forma eficaz. Educadores e administradores podem precisar de formação e apoio para navegar em considerações éticas complexas relacionadas com a IA na educação.

Equilibrar a inovação e as preocupações éticas: Existe frequentemente uma tensão entre o desejo de inovar e aproveitar as tecnologias de IA na educação e a necessidade de abordar preocupações éticas como a privacidade, a equidade e o preconceito. Encontrar o equilíbrio correto requer uma análise cuidadosa e a colaboração entre as partes interessadas.

Complexidades regulamentares e legais: As políticas éticas de IA devem estar em conformidade com as leis, regulamentos e directrizes éticas relevantes que regem a privacidade dos dados, os direitos dos estudantes e as práticas educativas. Navegar por essas complexidades pode ser um desafio para as instituições educacionais, especialmente em um cenário tecnológico em rápida evolução.

Recursos e infra-estruturas limitados: O desenvolvimento e a implementação de políticas éticas de IA podem exigir recursos significativos, incluindo financiamento, conhecimentos especializados e infra-estruturas tecnológicas. Muitas instituições educacionais, particularmente aquelas com recursos limitados, podem ter dificuldades para investir adequadamente em práticas éticas de IA.

Strategies for Fostering Ethical AI Practices (Estratégias para promover práticas éticas de IA):

Apesar destes desafios, há várias estratégias que as instituições de ensino podem utilizar para promover práticas éticas de IA:

Educação e formação: Proporcionar aos educadores, administradores e outras partes interessadas oportunidades de formação e desenvolvimento profissional para aumentar a consciencialização dos princípios e práticas éticas da IA.

Colaboração e envolvimento das partes interessadas: Envolver diversas partes interessadas, incluindo alunos, pais, educadores, formuladores de políticas e membros da comunidade, no desenvolvimento e implementação de políticas éticas de IA para garantir que diversas perspectivas sejam consideradas.

Avaliações de impacto ético: Efetuar avaliações de impacto ético para avaliar os potenciais riscos e benefícios das tecnologias de IA na educação e identificar estratégias para atenuar as preocupações éticas.

Conceção e desenvolvimento éticos: Dar prioridade a considerações éticas em todo o processo de conceção e desenvolvimento de sistemas de IA, incluindo a abordagem de preconceitos, a promoção da transparência e a proteção da privacidade e da segurança.

Monitorização e avaliação contínuas: Implementar mecanismos de controlo e avaliação contínuos dos sistemas de IA em contextos educativos para identificar e resolver questões éticas à medida que estas surgem.

CAPÍTULO 8

IA no ensino especial

Ashwani Kumar

Escola de Engenharia e Tecnologia

K. R. Mangalam University, Gurugram, Haryana, Índia

Sudesh Singh

Departamento de Informática

NIET, Greater Noida, Uttar Pradesh, Índia

Introdução

O ensino especial é um domínio que exige atenção personalizada e apoio à medida para alunos com necessidades diversas. À medida que a tecnologia educativa continua a avançar, a inteligência artificial (IA) está a desempenhar cada vez mais um papel fundamental no apoio aos alunos com necessidades especiais.

Experiências de aprendizagem personalizadas: Um dos principais desafios na educação especial é satisfazer os requisitos de aprendizagem únicos de cada aluno. A IA aborda este desafio oferecendo experiências de aprendizagem personalizadas, adaptadas às necessidades e preferências individuais. As plataformas de aprendizagem adaptativa alimentadas por algoritmos de IA analisam os pontos fortes e fracos dos alunos e os seus estilos de aprendizagem para oferecer percursos de aprendizagem personalizados. Por exemplo, um aluno com dislexia pode beneficiar de um software de conversão de texto em voz orientado por IA que o ajuda a aceder a conteúdos escritos de forma mais eficaz. Ao adaptar o ritmo, o conteúdo e o formato da instrução para corresponder às capacidades de cada aluno, a IA promove o envolvimento, a autonomia e o sucesso académico.

Facilitar a comunicação e a acessibilidade: As barreiras de comunicação podem impedir significativamente o processo de aprendizagem dos alunos com deficiência. As tecnologias de IA estão a quebrar essas barreiras, fornecendo ferramentas de comunicação inovadoras e funcionalidades de acessibilidade. O software de reconhecimento de voz, por exemplo, permite que os alunos com deficiências de fala se exprimam de forma mais fluente e independente. Do mesmo modo, as ferramentas de tradução baseadas em IA facilitam a comunicação entre estudantes que falam línguas diferentes ou utilizam linguagem gestual. Além disso, as tecnologias de assistência baseadas em IA, como os leitores de ecrã e os dispositivos de introdução alternativos, melhoram a acessibilidade, tornando os materiais e recursos educativos mais inclusivos e acessíveis aos alunos com necessidades diversas.

Capacitar alunos e educadores: A IA não só apoia os alunos com necessidades especiais, como também capacita os educadores com conhecimentos e recursos valiosos para melhorar os resultados do ensino e da aprendizagem. As ferramentas de análise de dados com recurso à IA analisam os dados de desempenho dos alunos para identificar padrões, tendências e áreas a melhorar. Os educadores podem utilizar esta informação para personalizar a instrução, ajustar as estratégias de ensino e fornecer intervenções direccionadas para apoiar os alunos com dificuldades. Os assistentes virtuais e os chatbots baseados em IA também oferecem apoio a pedido a alunos e educadores, respondendo a perguntas, fornecendo feedback e orientando actividades de aprendizagem em tempo real. Ao tirar partido das tecnologias de IA, os educadores podem criar ambientes de aprendizagem mais inclusivos, envolventes e eficazes que satisfaçam as diversas necessidades dos alunos do ensino especial.

Desafios e considerações: Apesar dos seus potenciais benefícios, a adoção generalizada da IA no ensino especial também apresenta desafios e considerações éticas. As questões de privacidade relativas à recolha e utilização de dados sensíveis dos alunos devem ser cuidadosamente abordadas para salvaguardar a privacidade e a confidencialidade dos alunos. Além disso, o fosso digital pode exacerbar as desigualdades no acesso a recursos e tecnologias educativas alimentados por IA, particularmente para os estudantes de comunidades com baixos rendimentos ou carenciadas. Além disso, é necessário um desenvolvimento profissional e uma formação contínuos para garantir que os educadores sejam proficientes na utilização eficaz e ética das ferramentas de IA. Além disso, as soluções baseadas na IA devem ser concebidas com o contributo das partes interessadas no ensino especial, incluindo estudantes, pais, educadores e defensores das deficiências, para garantir que satisfazem as necessidades e preferências únicas da população com necessidades especiais diversificadas.

A IA está a transformar o ensino especial, proporcionando experiências de aprendizagem personalizadas, facilitando a comunicação e a acessibilidade e capacitando tanto os alunos como os educadores. Ao aproveitar o poder das tecnologias de IA, as partes interessadas do ensino especial podem criar ambientes de aprendizagem mais inclusivos, solidários e eficazes que permitam a todos os alunos atingir o seu pleno potencial. No entanto, é essencial enfrentar os desafios relacionados com a privacidade, a equidade e o desenvolvimento profissional para garantir que as soluções baseadas na IA beneficiam todos os alunos com necessidades especiais de forma equitativa. À medida que a IA continua a evoluir, o seu papel no apoio à educação especial expandir-se-á sem dúvida, oferecendo novas oportunidades para melhorar os resultados educativos e promover a inclusão de alunos de todas as capacidades.

Planos de aprendizagem personalizados e ferramentas de acessibilidade na educação

Os planos de aprendizagem personalizados e as ferramentas de acessibilidade revolucionaram o panorama da educação, oferecendo abordagens personalizadas para satisfazer as diversas necessidades dos alunos. Na era digital atual, a tecnologia, em particular a inteligência artificial (IA), desempenha um papel fundamental na criação de experiências de aprendizagem personalizadas e na garantia de acessibilidade para todos os alunos.

Os planos de aprendizagem personalizados são estratégias de ensino individualizadas, concebidas para lidar com os pontos fortes, os pontos fracos e os estilos de aprendizagem únicos de cada aluno. As abordagens tradicionais de educação de tamanho único muitas vezes não conseguem atender às diversas necessidades dos alunos, resultando em desinteresse e insucesso. No entanto, com os avanços na IA e na análise de dados, os educadores têm agora as ferramentas para criar experiências de aprendizagem personalizadas que maximizam o potencial dos alunos.

Uma das principais vantagens dos planos de aprendizagem personalizados é a sua capacidade de promover o envolvimento e a motivação dos alunos. Quando os alunos sentem que as suas experiências de aprendizagem são adaptadas aos seus interesses e capacidades, é mais provável que se envolvam ativamente no processo de aprendizagem. Os planos de aprendizagem personalizados aproveitam os algoritmos de IA para analisar os dados dos alunos, incluindo o desempenho académico, as preferências e o ritmo de aprendizagem, para desenvolver percursos de aprendizagem individualizados.

As ferramentas de acessibilidade, por outro lado, centram-se na remoção de barreiras à aprendizagem dos alunos com deficiência ou necessidades especiais. Estas ferramentas englobam uma vasta gama de tecnologias e estratégias destinadas a garantir que todos os alunos tenham igual acesso a conteúdos e recursos educativos. Desde leitores de ecrã e software de conversão de texto em voz a legendas e dispositivos de introdução alternativos, as ferramentas de acessibilidade permitem que os alunos com deficiência participem plenamente nas actividades educativas.

Uma das principais vantagens das ferramentas de acessibilidade é o seu papel na promoção da inclusão e da diversidade na sala de aula. Ao proporcionar adaptações e apoio aos alunos com deficiência, os educadores criam um ambiente em que todos os alunos se sentem valorizados e respeitados. Além disso, as ferramentas de acessibilidade beneficiam não só os alunos com deficiência, mas também aqueles com necessidades de aprendizagem diversas, como os alunos que aprendem a língua inglesa ou os alunos com deficiências temporárias.

A incorporação de planos de aprendizagem personalizados e de ferramentas de acessibilidade nas práticas educativas apresenta, no entanto, vários desafios. Um dos principais desafios é a integração da tecnologia nas estruturas de ensino existentes. Os educadores podem não ter a formação e o apoio necessários para implementar eficazmente planos de aprendizagem personalizados e utilizar ferramentas de acessibilidade nas suas práticas de ensino. Além disso, pode haver resistência por parte das partes interessadas, incluindo administradores, pais e decisores políticos, que podem considerar as abordagens baseadas na tecnologia dispendiosas ou ineficazes.

Outro desafio são as considerações éticas que envolvem a utilização da IA e da análise de dados na educação. Embora os planos de aprendizagem personalizados dependam de algoritmos para analisar os dados dos alunos e fazer recomendações de instrução, existem preocupações sobre a privacidade dos dados, a segurança e o viés algorítmico. Os educadores devem navegar cuidadosamente por esses dilemas éticos, garantindo que os dados dos alunos sejam protegidos e que as decisões baseadas em IA sejam transparentes e justas.

Apesar destes desafios, os benefícios dos planos de aprendizagem personalizados e das ferramentas de acessibilidade ultrapassam largamente os inconvenientes. Ao tirar partido da tecnologia para criar experiências de aprendizagem personalizadas, os educadores podem capacitar os alunos para se apropriarem do seu percurso de aprendizagem e atingirem o seu potencial máximo. Além disso, as ferramentas de acessibilidade garantem que nenhum aluno é deixado para trás, promovendo uma cultura de inclusão e equidade na educação.

Olhando para o futuro, o futuro dos planos de aprendizagem personalizados e das ferramentas de acessibilidade na educação é promissor. À medida que a tecnologia de IA continua a avançar, as experiências de aprendizagem personalizadas tornar-se-ão ainda mais sofisticadas, incorporando algoritmos de aprendizagem adaptativos, simulações de realidade virtual e mecanismos de feedback em tempo real. Do mesmo modo, as ferramentas de acessibilidade evoluirão para satisfazer as necessidades em constante mudança dos alunos, tirando partido de tecnologias emergentes, como os wearables e a biometria, para proporcionar um acesso sem descontinuidades aos recursos educativos.

Aplicações de IA na educação especial

Nos últimos anos, os avanços na inteligência artificial (IA) abriram caminho para soluções inovadoras em vários domínios, incluindo a educação. Uma área em que a IA se mostra imensamente promissora é a educação especial, onde abordagens personalizadas e adaptadas são essenciais para atender às diversas necessidades dos alunos com deficiência. Desde o apoio à comunicação e ao desenvolvimento da linguagem até ao fornecimento de experiências de aprendizagem individualizadas, as aplicações de IA no ensino especial estão a revolucionar a forma como os educadores apoiam os alunos com necessidades de aprendizagem únicas.

Uma aplicação significativa da IA no ensino especial é nos sistemas de comunicação aumentativa e alternativa (AAC). Estes sistemas foram concebidos para apoiar indivíduos com perturbações da comunicação, como a perturbação do espetro do autismo (PEA) ou a paralisia cerebral, que possam ter dificuldade em falar ou em se exprimir verbalmente. Os sistemas AAC alimentados por IA utilizam algoritmos de processamento da linguagem natural (PNL) para interpretar e gerar discurso, permitindo que os alunos não verbais comuniquem eficazmente. Por exemplo, aplicações como o Proloquo2Go utilizam texto preditivo e comunicação baseada em símbolos para ajudar os indivíduos a construir frases e a expressar os seus pensamentos, promovendo a independência e melhorando as interacções sociais.

Além disso, a IA desempenha um papel crucial na aprendizagem personalizada para estudantes com dificuldades de aprendizagem. Um exemplo é a utilização de sistemas de tutoria inteligentes (STI), que adaptam o conteúdo e o ritmo da aprendizagem de acordo com as necessidades individuais e o estilo de aprendizagem do aluno. Estes sistemas analisam as respostas e os dados de desempenho dos alunos para fornecer feedback personalizado e ajustar o nível de dificuldade das tarefas em tempo real. Para os estudantes com dislexia, as ferramentas de leitura e escrita baseadas em IA, como o Read&Write e o Co

ajudam a descodificar o texto, melhoram a compreensão e melhoram as capacidades de escrita, oferecendo sugestões de texto preditivo e funcionalidades de leitura em voz alta.

Além disso, as aplicações de IA estendem-se à gestão do comportamento e ao apoio emocional dos alunos com perturbações emocionais ou comportamentais (EBD). Plataformas orientadas para a IA, como o Classcraft, gamificam a experiência de aprendizagem, recompensando comportamentos positivos e incentivando a colaboração entre os alunos. Além disso, as simulações de realidade virtual (RV) oferecem um ambiente seguro para que os alunos com EBD pratiquem competências sociais e técnicas de regulação emocional, ajudando-os a desenvolver estratégias de controlo e a ganhar autoconfiança em situações da vida real.

Outra área onde a IA está a ter um impacto significativo é nos planos de aprendizagem personalizados (PLP) para alunos com deficiência intelectual (DI). Esses PLPs utilizam algoritmos de IA para avaliar as habilidades cognitivas, preferências de aprendizagem e pontos fortes dos alunos, permitindo que os educadores criem experiências de aprendizagem personalizadas, adaptadas às necessidades exclusivas de cada aluno. Por exemplo, a plataforma Goalbook utiliza a IA para gerar objectivos personalizados e estratégias de ensino com base nos objectivos do Programa de Ensino Individualizado (IEP) dos alunos, facilitando a colaboração entre educadores, pais e alunos na definição e acompanhamento de objectivos académicos e comportamentais.

Além disso, as aplicações de IA estão a transformar a avaliação e o diagnóstico das dificuldades de aprendizagem nas crianças. Os métodos tradicionais de diagnóstico de doenças como a dislexia ou a perturbação de défice de atenção/hiperatividade (PHDA) podem ser morosos e subjectivos. As ferramentas de avaliação baseadas em IA, como o QbCheck para a PHDA, analisam dados comportamentais e métricas de desempenho cognitivo para fornecer diagnósticos mais precisos e eficientes, permitindo uma intervenção precoce e um apoio direcionado aos alunos com perturbações do desenvolvimento neurológico.

Para além de apoiarem os alunos com deficiência, as aplicações de IA também ajudam os educadores no desenvolvimento profissional e na conceção pedagógica. As plataformas de aprendizagem profissional baseadas em IA, como a Edmodo e a Coursera, oferecem recomendações personalizadas e percursos de aprendizagem adaptáveis para que os professores melhorem os seus conhecimentos e competências no apoio a diversos alunos. Além disso, as ferramentas de criação de conteúdos baseadas em IA, como o GPT-3 da OpenAI, geram materiais de aprendizagem acessíveis e inclusivos, adaptando automaticamente a complexidade do texto e o nível de linguagem para corresponder às capacidades de leitura dos alunos.

Apesar dos inúmeros benefícios das aplicações de IA na educação especial, as considerações éticas e as preocupações com a privacidade dos dados continuam a ser fundamentais. Garantir o uso responsável das tecnologias de IA e proteger os dados confidenciais dos alunos é essencial para manter a confiança e a integridade nos ambientes educacionais. Educadores e formuladores de políticas devem colaborar para estabelecer diretrizes claras e estruturas éticas para o desenvolvimento e implementação de soluções baseadas em IA na educação especial, priorizando o bem-estar e os direitos dos alunos com deficiência.

Desafios e oportunidades na educação inclusiva

A educação inclusiva, a prática que consiste em garantir que todos os alunos, independentemente das suas capacidades ou deficiências, tenham oportunidades significativas de aprender ao lado dos seus pares, tornou-se uma pedra angular da filosofia educativa moderna. Embora o conceito de educação inclusiva seja nobre e essencial para a criação de ambientes de aprendizagem equitativos, a sua aplicação não está isenta de desafios e oportunidades.

Desafios da educação inclusiva

1. Falta de recursos e de apoio

Um dos principais desafios na implementação da educação inclusiva é a escassez de recursos e sistemas de apoio. Muitas vezes, as escolas não têm o financiamento necessário, pessoal especializado e tecnologias de apoio para acomodar eficazmente os alunos com necessidades diversas. Esta carência pode dificultar a prestação de apoio individualizado e as adaptações necessárias para as salas de aula inclusivas.

2. Barreiras atitudinais e estigma

As barreiras atitudinais e o estigma social em torno da deficiência colocam desafios significativos à educação inclusiva. As atitudes negativas e os conceitos erróneos sobre os alunos com deficiência podem levar à discriminação, segregação e exclusão em contextos educativos. Para ultrapassar estas atitudes, são necessários esforços concertados para promover a sensibilização, a compreensão e a aceitação da diversidade entre os alunos, os educadores e a comunidade em geral.

3. Acesso a um ensino de qualidade

O acesso a um ensino de qualidade continua a ser um desafio para muitos alunos com deficiência, particularmente para os que provêm de meios marginalizados e desfavorecidos. O acesso limitado a ambientes educativos inclusivos, serviços especializados e apoio adequado pode perpetuar as disparidades no desempenho académico e nas oportunidades para os alunos com deficiência, exacerbando as desigualdades existentes na educação.

4. Preparação e formação dos professores

A implementação efectiva da educação inclusiva exige que os educadores possuam os conhecimentos, as competências e as estratégias necessárias para responder às diversas necessidades dos seus alunos. No entanto, muitos professores não têm formação adequada e desenvolvimento profissional em práticas inclusivas, incluindo instrução diferenciada, Desenho Universal para a Aprendizagem (UDL) e técnicas de gestão de comportamento. Sem o apoio e a formação adequados, os educadores podem ter dificuldade em criar ambientes de aprendizagem inclusivos que satisfaçam as necessidades de todos os alunos.

5. Apoio individualizado e adaptações

Fornecer apoio e adaptações individualizadas é essencial para satisfazer as diversas necessidades dos alunos com deficiência em salas de aula inclusivas. No entanto, identificar e implementar adaptações adequadas pode ser um desafio, particularmente em ambientes com recursos limitados. Factores como tempo limitado, exigências concorrentes e barreiras burocráticas podem impedir a prestação atempada dos apoios necessários, resultando em frustração e resultados desiguais para os alunos.

Oportunidades na educação inclusiva

1. Diversidade e inclusão

A educação inclusiva representa uma oportunidade para celebrar e abraçar a diversidade em todas as suas formas. Ao acolher na sala de aula alunos com capacidades, origens e experiências diversas, os educadores podem criar ambientes de aprendizagem ricos e dinâmicos que promovem a empatia, a compreensão e o respeito pelos outros. Abraçar a diversidade não só melhora a experiência educativa de todos os alunos, como também os prepara para prosperar num mundo cada vez mais diversificado e interligado.

2. Ambientes de aprendizagem em colaboração

A educação inclusiva promove a colaboração e a cooperação entre alunos, educadores, famílias e partes interessadas da comunidade. Ao trabalharem em conjunto para apoiar os alunos com necessidades diversas, os intervenientes podem tirar partido dos seus conhecimentos, recursos e perspectivas colectivas para criar ambientes de aprendizagem inclusivos que beneficiem todos. As abordagens colaborativas, como o co-ensino, a tutoria entre pares e o envolvimento da família, podem melhorar a participação, o desempenho e o bem-estar dos alunos.

3. Desenho Universal para a Aprendizagem (UDL)

O Desenho Universal para a Aprendizagem (UDL) é uma abordagem à conceção de currículos que dá ênfase à flexibilidade, acessibilidade e inclusão de todos os alunos. Ao conceber proactivamente materiais didácticos, actividades e avaliações que se adaptam a diversos estilos de aprendizagem, preferências e capacidades, os educadores podem criar ambientes de aprendizagem que respondem às necessidades de cada aluno. O UDL promove a equidade e elimina barreiras à aprendizagem, permitindo que todos os alunos acedam e se envolvam no currículo de forma eficaz.

4. Clima e cultura escolares positivos

A educação inclusiva promove um clima e uma cultura escolares positivos, caracterizados pela aceitação, pertença e respeito mútuo. Ao fomentar uma cultura de inclusão e equidade, as escolas podem criar ambientes seguros e de apoio onde cada aluno se sente valorizado, capacitado e encorajado a ter sucesso. Um clima escolar positivo melhora o bem-estar, a motivação e o desempenho académico dos alunos, lançando as bases para a aprendizagem e o sucesso ao longo da vida.

5. Capacitação e defesa de direitos

O ensino inclusivo capacita os alunos com deficiência a defenderem os seus direitos, preferências e aspirações. Ao envolverem ativamente os alunos no processo de tomada de decisões e ao promoverem a autodeterminação, os educadores podem ajudar os alunos a desenvolverem as capacidades, a confiança e a capacidade de se defenderem a si próprios e aos outros. Os alunos capacitados tornam-se participantes activos na sua própria educação, impulsionando mudanças positivas e promovendo a inclusão nas suas escolas e comunidades.

A educação inclusiva apresenta desafios e oportunidades para a criação de ambientes de aprendizagem equitativos, inclusivos e capacitantes. Embora a implementação de práticas inclusivas possa encontrar barreiras como limitações de recursos, barreiras atitudinais e falta de preparação dos professores, os potenciais benefícios do ensino inclusivo são imensos. Ao abraçar a diversidade, fomentar a colaboração, alavancar os princípios do UDL, fomentar climas escolares positivos e capacitar os alunos, a educação inclusiva tem o poder de transformar vidas, promover a justiça social e construir uma sociedade mais inclusiva.

CAPÍTULO 9

Preparar os educadores para a era da IA

Ashwani Kumar

Escola de Engenharia e Tecnologia

K. R. Mangalam University, Gurugram, Haryana, Índia

Vijay Singh

Escola de Engenharia e Tecnologia Amity

Universidade de Amity, Noida, UP, Índia

Introdução

No panorama em constante evolução da tecnologia da educação, a integração de ferramentas de Inteligência Artificial (IA) tem vindo a tornar-se cada vez mais predominante. Estas ferramentas oferecem um imenso potencial para melhorar as experiências de ensino e aprendizagem, personalizar a instrução e simplificar as tarefas administrativas. No entanto, para aproveitar plenamente os benefícios da IA na educação, é essencial fornecer aos professores formação e apoio abrangentes para a utilização efectiva destas ferramentas na sala de aula.

Compreender a necessidade de formação

A introdução de ferramentas de IA na educação representa uma mudança significativa de paradigma, exigindo que os educadores se adaptem a novas metodologias e tecnologias. Muitos professores podem sentir-se sobrecarregados ou inseguros quanto à forma de integrar a IA na sua prática pedagógica. Por conseguinte, os programas de formação são cruciais para capacitar os educadores com os conhecimentos, as competências e a confiança necessários para tirar partido da IA de forma eficaz.

Componentes-chave dos programas de formação

Introdução à IA na educação: As sessões de formação devem começar com uma visão geral dos conceitos de IA e das suas aplicações na educação. Os educadores precisam de compreender as capacidades das ferramentas de IA, tais como plataformas de aprendizagem personalizadas, sistemas de tutoria inteligentes e ferramentas de análise de dados.

Workshops práticos: Os workshops práticos permitem que os professores se familiarizem com as ferramentas de IA e explorem as suas funcionalidades num ambiente controlado. Estas oficinas podem incluir tutoriais guiados, demonstrações interactivas e actividades de colaboração.

Estratégias pedagógicas: Os educadores precisam de orientação para integrar eficazmente as ferramentas de IA na sua abordagem pedagógica. Os programas de formação devem enfatizar as estratégias pedagógicas que potenciam a IA para facilitar a instrução diferenciada, promover a aprendizagem ativa e fomentar o envolvimento dos alunos.

Competências de literacia de dados: As ferramentas de IA dependem frequentemente da análise de dados para informar a tomada de decisões e personalizar as experiências de aprendizagem. Os programas de formação devem incluir módulos sobre literacia de dados, ensinando os educadores a interpretar e analisar os dados educativos de forma responsável.

Comunidades de aprendizagem em colaboração: O estabelecimento de comunidades de aprendizagem em colaboração permite aos educadores partilharem as melhores práticas, trocarem ideias e apoiarem-se mutuamente na implementação de ferramentas de IA. Fóruns online, redes de aprendizagem profissional e programas de mentoria entre pares podem facilitar a colaboração contínua e o crescimento profissional.

Desenvolvimento profissional contínuo: O domínio da IA na educação está em constante evolução, com o aparecimento regular de novas ferramentas e tecnologias. Por conseguinte, os programas de formação devem proporcionar oportunidades de desenvolvimento profissional contínuo, permitindo que os educadores se mantenham a par dos últimos desenvolvimentos e aperfeiçoem as suas competências ao longo do tempo.

Desafios e considerações

Embora a formação dos professores para utilizarem eficazmente as ferramentas de IA ofereça inúmeras vantagens, há que enfrentar vários desafios:

Resistência à mudança: Alguns educadores podem resistir à adoção de ferramentas de IA devido ao medo da tecnologia ou ao ceticismo quanto à sua eficácia. Os programas de formação devem abordar estas preocupações e realçar os potenciais benefícios da IA para melhorar os resultados do ensino e da aprendizagem.

Restrições de recursos: O acesso limitado à tecnologia e as infra-estruturas de apoio inadequadas podem dificultar a implementação de programas de formação em IA. As escolas e as instituições educativas devem afetar os recursos de forma eficaz para garantir um acesso equitativo às oportunidades de formação para todos os educadores.

Privacidade e preocupações éticas: Os educadores devem compreender as implicações éticas da utilização de ferramentas de IA, particularmente no que respeita à privacidade dos dados e à confidencialidade dos alunos. Os programas de formação devem realçar a importância das considerações éticas e fornecer directrizes para uma utilização responsável.

Proficiência tecnológica: Nem todos os educadores possuem o mesmo nível de proficiência tecnológica. Os programas de formação devem ser adaptados para acomodar diferentes níveis de competências, fornecendo apoio diferenciado com base nas necessidades e preferências dos educadores.

Estudos de caso e histórias de sucesso

Várias iniciativas demonstraram a eficácia dos programas de formação na preparação dos educadores para utilizarem eficazmente as ferramentas de IA:

Centro de Educadores da Microsoft: A Microsoft oferece uma variedade de cursos e recursos de desenvolvimento profissional projetados para ajudar os educadores a aproveitar as tecnologias de IA, como os programas Microsoft AI for Education e Microsoft Innovative Educator (MIE).

Google para a Educação: A Google disponibiliza programas de formação, cursos de certificação e recursos de aprendizagem para ajudar os educadores a integrarem ferramentas com tecnologia de IA, como o Google Classroom, o Google Meet e o Google Workspace, nas suas práticas de ensino.

Workshops para educadores da AI4ALL: A AI4ALL oferece workshops e programas de desenvolvimento profissional especificamente adaptados aos educadores, com foco na equidade, inclusão e educação ética em IA.

Desenvolvimento profissional e aprendizagem contínua

No panorama em rápida evolução da educação, o desenvolvimento profissional e a aprendizagem contínua tornaram-se pilares essenciais para os educadores se adaptarem aos avanços trazidos pela inteligência artificial (IA). Nesta era de inovação tecnológica, em que a IA está a remodelar as metodologias de ensino tradicionais e a dinâmica da sala de aula, os educadores devem abraçar a aprendizagem ao longo da vida para se manterem relevantes e eficazes nas suas funções.

O desenvolvimento profissional, muitas vezes referido como formação de professores ou desenvolvimento do pessoal, engloba uma série de actividades concebidas para melhorar os conhecimentos, as competências e a eficácia dos educadores. Tradicionalmente, os programas de desenvolvimento profissional centram-se em métodos pedagógicos, conceção de currículos e técnicas de gestão da sala de aula. No entanto, com o advento da IA, há uma ênfase crescente na integração de competências relacionadas com a tecnologia nas iniciativas de desenvolvimento profissional.

A aprendizagem contínua, por outro lado, dá ênfase à aquisição contínua de novos conhecimentos e competências ao longo da carreira. Trata-se de uma abordagem proactiva ao crescimento profissional que incentiva os educadores a manterem-se a par das tendências emergentes, dos resultados da investigação e das melhores práticas no seu domínio. No contexto da IA na educação, a aprendizagem contínua é crucial para que os educadores compreendam a forma como as tecnologias de IA podem aumentar os processos de ensino e aprendizagem, bem como para aproveitar eficazmente as ferramentas de IA na sua prática.

Uma das principais motivações para os educadores se empenharem no desenvolvimento profissional e na aprendizagem contínua é a necessidade de se adaptarem à evolução do panorama educativo impulsionado pela IA. À medida que as tecnologias de IA, como a aprendizagem automática, o processamento de linguagem natural e a análise de dados, se tornam cada vez mais integradas nas plataformas e ferramentas educativas, os educadores devem desenvolver as competências necessárias para aproveitar o potencial destas tecnologias. Isto inclui compreender como funcionam os algoritmos de IA, interpretar as informações sobre os dados e utilizar eficazmente os recursos orientados para a IA na sala de aula.

Para além disso, o desenvolvimento profissional e a aprendizagem contínua desempenham um papel vital na preparação dos educadores para lidarem com as implicações éticas e sociais da IA na educação. À medida que os algoritmos de IA influenciam os processos de tomada de decisão, personalizam as experiências de aprendizagem e recolhem grandes quantidades de dados dos alunos, os educadores têm de navegar por dilemas éticos complexos relacionados com a privacidade, a parcialidade e a equidade. Os programas de desenvolvimento profissional podem fornecer aos educadores as estruturas éticas e as competências de pensamento crítico necessárias para enfrentar estes desafios de forma responsável.

Para além das competências técnicas e das considerações éticas, o desenvolvimento profissional e a aprendizagem contínua também promovem uma cultura de colaboração e inovação entre os educadores. Ao participarem em workshops, conferências e projectos de colaboração, os educadores têm a oportunidade de trocar ideias, partilhar as melhores práticas e aprender com as experiências uns dos outros. Esta abordagem de colaboração não só enriquece o desenvolvimento profissional individual, como também contribui para o avanço coletivo da profissão de educador como um todo.

Além disso, o desenvolvimento profissional e a aprendizagem contínua permitem que os educadores assumam papéis de liderança e impulsionem mudanças positivas nas suas comunidades educativas. Os educadores empenhados na aprendizagem ao longo da vida estão mais bem equipados para defender mudanças políticas, implementar práticas de ensino inovadoras e liderar iniciativas destinadas a melhorar os resultados dos alunos. Ao investirem no seu próprio desenvolvimento, os educadores demonstram um compromisso com a excelência e inspiram outros a seguir o exemplo.

Para facilitar o desenvolvimento profissional eficaz e a aprendizagem contínua na era da IA, as instituições de ensino e os decisores políticos devem dar prioridade às seguintes estratégias

Programas adaptados: Os programas de desenvolvimento profissional devem ser adaptados às necessidades e interesses específicos dos educadores, tendo em conta o seu nível de experiência, conhecimentos da área e proficiência tecnológica. Isto pode implicar a oferta de uma variedade de workshops, cursos e certificações que abranjam tópicos como a integração da IA, a literacia de dados e a cidadania digital.

Formação prática: As oportunidades de aprendizagem prática e experimental são essenciais para que os educadores adquiram competências práticas e confiança na utilização eficaz das tecnologias de IA. Os workshops de formação devem incluir demonstrações interactivas, simulações e projectos de colaboração que permitam aos educadores aplicar a sua aprendizagem em contextos do mundo real.

Comunidades de aprendizagem entre pares: O estabelecimento de comunidades de aprendizagem entre pares ou redes de aprendizagem profissional (PLN) pode proporcionar aos educadores apoio, feedback e orientação contínuos. Estas comunidades podem assumir várias formas, incluindo fóruns em linha, grupos de redes sociais e encontros locais, onde os educadores podem ligar-se a colegas com ideias semelhantes e partilhar recursos e ideias.

Apoio institucional: As instituições de ensino devem afetar recursos e sistemas de apoio para facilitar o desenvolvimento profissional e as iniciativas de aprendizagem contínua. Isto pode incluir o financiamento de programas de formação, tempo dedicado ao planeamento e reflexão colaborativos e o reconhecimento das realizações e contribuições dos educadores para a área.

Investigação e avaliação: A melhoria e a avaliação contínuas são componentes essenciais de programas de desenvolvimento profissional eficazes. As instituições educativas devem avaliar regularmente o impacto das suas iniciativas de desenvolvimento profissional na prática do educador e nos resultados dos alunos, utilizando medidas quantitativas e qualitativas para informar futuras decisões programáticas.

Integrar a IA nas metodologias de ensino

No panorama dinâmico da educação, a integração da Inteligência Artificial (IA) nas metodologias de ensino surgiu como uma força transformadora, prometendo revolucionar a forma como os alunos aprendem e os professores ensinam. Esta integração representa uma mudança de paradigma, em que a tecnologia se torna uma ferramenta indispensável no arsenal do educador, complementando as abordagens pedagógicas tradicionais e promovendo experiências de aprendizagem personalizadas

No cerne da integração da IA nas metodologias de ensino está a aspiração de melhorar a eficácia e a eficiência do ensino. As ferramentas e aplicações baseadas em IA oferecem capacidades sem precedentes na análise de grandes quantidades de dados educativos, na identificação de padrões e na adaptação de conteúdos pedagógicos para satisfazer as diversas necessidades e estilos de aprendizagem de cada aluno. As plataformas de aprendizagem adaptativa, por exemplo, utilizam algoritmos de IA para ajustar dinamicamente o ritmo, a dificuldade e o conteúdo das aulas com base no desempenho dos alunos, promovendo assim experiências de aprendizagem personalizadas e maximizando o envolvimento dos alunos.

Além disso, a IA aumenta as metodologias de ensino tradicionais, fornecendo aos educadores informações valiosas e feedback acionável derivados da análise de dados em tempo real. Através da análise orientada por IA, os professores obtêm uma compreensão mais profunda do progresso da aprendizagem dos alunos, dos seus pontos fortes e das áreas que necessitam de ser melhoradas, permitindo intervenções atempadas e apoio direcionado. Por exemplo, as ferramentas de avaliação baseadas em IA podem avaliar a compreensão dos conceitos pelos alunos através de questionários interactivos, simulações e jogos, permitindo aos educadores identificar ideias erradas e adaptar as estratégias de ensino em conformidade.

Uma das principais vantagens da integração da IA nas metodologias de ensino é a sua capacidade de facilitar o ensino diferenciado, atendendo às diversas necessidades e capacidades dos alunos na mesma sala de aula. Os sistemas de tutoria alimentados por IA, como os tutores virtuais inteligentes e os chatbots, oferecem orientação e apoio personalizados aos alunos, complementando o papel do professor e fornecendo recursos adicionais para uma aprendizagem individualizada.

Além disso, os sistemas de recomendação de conteúdos baseados em IA sugerem recursos educativos relevantes, materiais multimédia e actividades de aprendizagem adaptados às preferências e ao nível de proficiência de cada aluno, promovendo a aprendizagem autónoma e a autonomia.

Para além de melhorar os resultados de aprendizagem dos alunos, a integração da IA nas metodologias de ensino dá aos educadores ferramentas e técnicas inovadoras para simplificar as tarefas administrativas, otimizar os fluxos de trabalho de instrução e criar ambientes de aprendizagem mais interactivos e envolventes. Os sistemas de gestão da sala de aula orientados para a IA ajudam os professores a organizar e coordenar as actividades da sala de aula, a gerir a assiduidade dos alunos e a facilitar a comunicação e a colaboração entre os alunos. As aplicações de realidade virtual (RV) e de realidade aumentada (RA) oferecem experiências de aprendizagem imersivas, permitindo aos alunos explorar conceitos complexos, simular cenários do mundo real e participar em simulações interactivas.

No entanto, apesar do seu potencial transformador, a integração da IA nas metodologias de ensino apresenta vários desafios e considerações que os educadores devem abordar. Uma das principais preocupações prende-se com as implicações éticas da IA na educação, incluindo questões relacionadas com a privacidade dos dados, o enviesamento algorítmico e a despersonalização das experiências de aprendizagem. Os educadores devem garantir que as tecnologias de IA são utilizadas de forma responsável e ética, salvaguardando os direitos de privacidade dos alunos e promovendo a equidade e a inclusão na educação.

Além disso, a adoção da IA na educação exige investimentos substanciais em infra-estruturas, formação e sistemas de apoio para permitir uma integração perfeita e maximizar os seus benefícios. Os educadores precisam de programas abrangentes de desenvolvimento profissional para adquirirem as aptidões e competências necessárias para aproveitarem eficazmente as ferramentas e aplicações baseadas em IA nas suas práticas de ensino. Além disso, a colaboração e a partilha de conhecimentos entre educadores, investigadores, decisores políticos e partes interessadas da indústria são essenciais para impulsionar a inovação, promover as melhores práticas e enfrentar os desafios emergentes no domínio da IA na educação.

Olhando para o futuro, o futuro da integração da IA nas metodologias de ensino é imensamente promissor, com avanços contínuos nas tecnologias de IA, nas estratégias pedagógicas e na análise da aprendizagem. À medida que a IA se torna mais sofisticada e generalizada, os educadores têm a oportunidade de reimaginar e reinventar a experiência educativa, capacitando os alunos para se tornarem aprendizes ao longo da vida, pensadores críticos e solucionadores de problemas na era digital em rápida evolução.

A integração da IA nas metodologias de ensino representa uma mudança transformadora na educação, oferecendo oportunidades sem precedentes para melhorar os resultados de aprendizagem dos alunos, personalizar a instrução e otimizar as práticas de ensino. Ao adotar ferramentas e aplicações baseadas em IA, os educadores podem criar ambientes de aprendizagem dinâmicos e envolventes que inspiram curiosidade, criatividade e colaboração, preparando os alunos para o sucesso no século XXI e mais além. No entanto, a realização de todo o potencial da IA na educação requer um planeamento cuidadoso, considerações éticas e um compromisso com a aprendizagem e a inovação contínuas. Ao navegarmos pelas complexidades da integração da IA nas metodologias de ensino, esforcemo-nos por aproveitar o seu poder transformador para criar uma experiência educativa mais inclusiva, equitativa e capacitadora para todos os alunos.

Ensino colaborativo com apoio de IA

No panorama em constante evolução da educação, a integração da Inteligência Artificial (IA) trouxe possibilidades transformadoras, uma das quais é o ensino colaborativo com o apoio da IA. Esta abordagem inovadora combina os conhecimentos especializados dos educadores humanos com a eficiência e os conhecimentos fornecidos pela IA, com o objetivo de melhorar a experiência de ensino e aprendizagem tanto para os alunos como para os professores.

Compreender o ensino colaborativo com apoio da IA

O ensino colaborativo com o apoio da IA é um paradigma que abraça a sinergia entre instrutores humanos e tecnologias de IA para otimizar o processo educativo. Em vez de encarar a IA como um substituto dos professores, esta abordagem enfatiza o seu papel como facilitador e melhorador das práticas de ensino. Através do ensino colaborativo, os educadores podem tirar partido das ferramentas de IA para simplificar as tarefas administrativas, personalizar as experiências de aprendizagem e aceder a informações valiosas sobre o desempenho e a participação dos alunos.

Benefícios do ensino colaborativo com apoio da IA

Aprendizagem personalizada: Os algoritmos de IA podem analisar grandes quantidades de dados para adaptar os materiais e actividades de aprendizagem às necessidades e preferências individuais dos alunos. Esta abordagem personalizada promove um maior envolvimento e sucesso académico entre os alunos com diversos estilos e capacidades de aprendizagem.

Gestão eficiente de recursos: Ao automatizar tarefas de rotina como a classificação, o planeamento de aulas e a organização de recursos, a IA liberta tempo valioso para os educadores se concentrarem em interacções mais significativas com os alunos. Isto melhora a satisfação geral dos professores e permite uma maior produtividade na sala de aula.

Tomada de decisões baseada em dados: A análise orientada por IA fornece aos educadores informações em tempo real sobre o desempenho dos alunos, as tendências de aprendizagem e as áreas a melhorar. Ao aproveitar esses dados, os professores podem tomar decisões informadas sobre estratégias de ensino, intervenções e ajustes curriculares para melhor atender às necessidades de seus alunos.

Ambientes de aprendizagem em colaboração: As ferramentas de colaboração suportadas por IA facilitam a comunicação e o trabalho de equipa entre os alunos, permitindo-lhes participar em projectos de colaboração, revisão por pares e discussões de grupo, tanto presencialmente como à distância. Isto promove um sentido de comunidade e melhora as competências de aprendizagem socio-emocionais essenciais para o sucesso no século XXI.

Oportunidades de desenvolvimento profissional: O ensino colaborativo com IA incentiva os educadores a expandirem a sua proficiência tecnológica e o seu repertório pedagógico. Através de programas de formação, workshops e colaboração entre pares, os professores podem desenvolver novas competências e estratégias para integrar eficazmente a IA nas suas práticas de ensino.

Desafios e considerações

Embora as vantagens do ensino colaborativo com o apoio da IA sejam significativas, há também desafios e considerações que devem ser abordados:

Preocupações éticas: A utilização da IA na educação levanta questões éticas relacionadas com a privacidade dos dados, a parcialidade dos algoritmos e a distribuição equitativa dos recursos. Os educadores têm de navegar por estas considerações éticas para garantir que as tecnologias de IA são utilizadas de forma responsável e equitativa em contextos educativos.

Necessidades de desenvolvimento profissional: A integração da IA nas práticas de ensino exige um desenvolvimento profissional contínuo e formação para os educadores. Muitos professores podem não ter as competências e a confiança necessárias para tirar partido da IA de forma eficaz, o que realça a necessidade de programas de formação abrangentes e de mecanismos de apoio.

Acessibilidade e equidade: Existe o risco de as iniciativas educativas apoiadas pela IA poderem exacerbar as desigualdades existentes no acesso à tecnologia e às oportunidades educativas. Devem ser envidados esforços para garantir que as tecnologias de IA sejam acessíveis a todos os estudantes e que ninguém seja deixado para trás na transição para ambientes de aprendizagem apoiados pela IA.

Resistência e aceitação dos professores: Alguns educadores podem ser resistentes à adoção da IA na sala de aula devido ao receio de serem deslocados do emprego ou ao ceticismo quanto à sua eficácia. Para ultrapassar esta resistência é necessária uma comunicação clara, investigação baseada em provas e oportunidades para os professores experimentarem em primeira mão os benefícios do ensino apoiado pela IA.

Direcções futuras

medida que o ensino colaborativo com apoio da IA continua a evoluir, surgem várias direcções e possibilidades futuras:

Aplicações avançadas de IA: As tecnologias de IA tornar-se-ão cada vez mais sofisticadas, oferecendo aos educadores novas oportunidades de aprendizagem personalizada, avaliação adaptativa e análise preditiva.

Modelos de parceria homem-IA: Surgirão novos modelos de colaboração entre humanos e IA, com professores e sistemas de IA a trabalharem em conjunto como parceiros iguais no processo educativo.

Colaboração e intercâmbio a nível mundial: As ferramentas de colaboração apoiadas na IA facilitarão as ligações globais e o intercâmbio cultural entre estudantes e educadores, ultrapassando as fronteiras geográficas e promovendo um mundo mais interligado.

Quadros e políticas éticas: À medida que a IA se integra cada vez mais na educação, haverá uma necessidade crescente de quadros e políticas éticas que regulem a sua utilização, garantindo que as tecnologias de IA são utilizadas de forma responsável e ética.

CAPÍTULO 10

O futuro da IA na educação

Ashwani Kumar

Escola de Engenharia e Tecnologia

K. R. Mangalam University, Gurugram, Haryana, Índia

Deepak Singh

Departamento de Engenharia e Tecnologia

ABES(IT), Ghaziabad, Uttar Pradesh, Índia

Introdução

A Inteligência Artificial (IA) tem vindo a integrar-se cada vez mais em vários aspectos da sociedade, e a educação não é exceção. À medida que a tecnologia continua a avançar, estão a surgir novas tecnologias de IA que prometem revolucionar a forma como ensinamos e aprendemos.

Processamento de linguagem natural (PNL):

A PNL permite aos computadores compreender, interpretar e gerar linguagem humana. No domínio da educação, a PNL pode ser utilizada para desenvolver sistemas de tutoria inteligentes que interagem com os alunos em linguagem natural, fornecendo feedback e assistência personalizados.

Um impacto potencial da PNL na educação é a melhoria da aprendizagem de línguas. As plataformas de aprendizagem de línguas alimentadas por IA podem analisar os padrões de discurso dos alunos, identificar áreas de fraqueza e fornecer exercícios direccionados para melhorar a sua proficiência linguística.

Além disso, a PNL pode ser utilizada para automatizar a classificação de trabalhos escritos, poupando tempo valioso aos professores e dando aos alunos um feedback imediato sobre o seu trabalho.

Redes Adversariais Generativas (GANs): As GANs são uma classe de algoritmos de IA utilizados para gerar novas amostras de dados semelhantes a um determinado conjunto de dados. No domínio da educação, as GAN podem ser utilizadas para criar simulações realistas e ambientes virtuais para a aprendizagem experimental.

Por exemplo, os GAN podem ser utilizados para gerar laboratórios virtuais realistas para experiências científicas ou simulações históricas para aulas de estudos sociais. Isto permite que os alunos participem em experiências de aprendizagem práticas sem a necessidade de recursos físicos.

As GANs também podem ser utilizadas para criar materiais de aprendizagem personalizados, adaptados aos interesses e estilos de aprendizagem de cada aluno, aumentando o envolvimento e a retenção.

Tecnologia de reconhecimento de emoções: A tecnologia de reconhecimento de emoções utiliza algoritmos de IA para analisar expressões faciais, entoações vocais e outros sinais fisiológicos para inferir os estados emocionais dos utilizadores. No sector da educação, esta tecnologia pode ser utilizada para melhorar o envolvimento e o bem-estar dos alunos.

Por exemplo, os sistemas de tutoria alimentados por IA podem monitorizar as expressões faciais e as pistas vocais dos alunos para detetar sinais de frustração ou aborrecimento. Com base neste feedback, o sistema pode adaptar a sua abordagem de ensino para melhor se adequar às necessidades do aluno.

A tecnologia de reconhecimento de emoções também pode ser utilizada para criar experiências de aprendizagem personalizadas que tenham em conta os estados emocionais dos alunos. Por exemplo, se um aluno se sentir ansioso com um exame que se aproxima, o sistema pode fornecer exercícios calmantes ou técnicas de relaxamento para o ajudar a gerir o stress.

Aprendizagem federada: A aprendizagem federada é uma abordagem de aprendizagem automática que permite que vários dispositivos treinem de forma colaborativa um modelo partilhado, mantendo os dados descentralizados. Na educação, a aprendizagem federada pode ser usada para proteger a privacidade dos alunos e, ao mesmo tempo, aproveitar os benefícios da IA.

Por exemplo, em vez de carregar dados sensíveis dos alunos para um servidor central para análise, a aprendizagem federada permite que os modelos de IA sejam treinados diretamente nos dispositivos dos alunos. Isto garante que as informações sensíveis permanecem privadas e seguras.

A aprendizagem federada também permite experiências de aprendizagem personalizadas sem sacrificar a privacidade. Ao treinar modelos de IA localmente no dispositivo de cada aluno, os educadores podem fornecer recomendações e feedback personalizados sem comprometer a confidencialidade do aluno.

Realidade Aumentada (RA) e Realidade Virtual (RV): As tecnologias de RA e RV criam experiências de aprendizagem imersivas que misturam os mundos físico e digital. Na educação, estas tecnologias podem ser utilizadas para dar vida a conceitos abstractos e envolver os alunos em actividades de aprendizagem interactivas.

Por exemplo, as aplicações de RA podem sobrepor informações digitais a objectos do mundo real, permitindo aos alunos explorar conceitos complexos de uma forma tangível. As simulações de RV podem transportar os alunos para ambientes virtuais, como marcos históricos ou o espaço exterior, proporcionando-lhes experiências de aprendizagem únicas.

Ao tirarem partido das tecnologias de RA e RV, os educadores podem atender a diferentes estilos de aprendizagem e criar ambientes de aprendizagem inclusivos que acomodem as diversas necessidades dos alunos.

Previsão de tendências e inovações futuras na tecnologia da educação

O domínio da tecnologia da educação (EdTech) tem registado rápidos avanços nos últimos anos, impulsionados pela integração da inteligência artificial (IA), da aprendizagem automática e da análise de dados. À medida que olhamos para o futuro, prever as tendências e inovações futuras na EdTech torna-se essencial para antecipar as mudanças transformadoras que aguardam o panorama educativo.

Tecnologias emergentes: Um dos principais catalisadores das futuras inovações no sector da educação é o desenvolvimento e a integração contínuos das tecnologias emergentes. A realidade aumentada (RA) e a realidade virtual (RV) estão preparadas para revolucionar a forma como os alunos interagem com os conteúdos educativos, proporcionando experiências de aprendizagem imersivas que transcendem os limites tradicionais da sala de aula. As aplicações de RA e RV podem simular cenários do mundo real, permitindo aos alunos explorar locais históricos, realizar experiências virtuais ou participar em exercícios de resolução de problemas em colaboração, melhorando assim a retenção e a compreensão.

Para além disso, a proliferação de dispositivos da Internet das Coisas (IoT) em ambientes educativos apresenta novas oportunidades para a aprendizagem personalizada e para a tomada de decisões baseadas em dados. As salas de aula inteligentes equipadas com sensores IoT podem recolher dados em tempo real sobre o envolvimento dos alunos, as condições ambientais e a utilização de recursos, permitindo aos educadores otimizar as estratégias de ensino e adaptar os ambientes de aprendizagem às necessidades individuais dos alunos. Além disso, as tecnologias portáteis, como os smartwatches e os rastreadores de fitness, podem acompanhar o progresso dos alunos e fornecer feedback personalizado, promovendo uma cultura de aprendizagem autónoma e de responsabilização.

Inteligência artificial e aprendizagem adaptativa: A inteligência artificial (IA) continuará a desempenhar um papel central na definição do futuro da educação, nomeadamente através da implementação de sistemas de aprendizagem adaptativa. Estas plataformas orientadas para a IA aproveitam a análise de dados e os algoritmos de aprendizagem automática para adaptar os conteúdos e as actividades educativas ao estilo, ritmo e preferências de aprendizagem de cada aluno. Ao avaliar continuamente o desempenho dos alunos e ao ajustar os materiais de ensino em tempo real, os sistemas de aprendizagem adaptativa podem otimizar as trajectórias de aprendizagem e maximizar os resultados dos alunos.

Além disso, os tutores virtuais e os chatbots alimentados por IA estão preparados para se tornarem componentes integrais da experiência de aprendizagem, fornecendo apoio a pedido e assistência personalizada aos alunos fora da sala de aula. Estes assistentes virtuais podem responder a perguntas, fornecer explicações e oferecer correcções específicas, complementando o ensino tradicional e promovendo a investigação independente e as competências de pensamento crítico.

Aprendizagem colaborativa e social: Outra tendência proeminente na tecnologia da educação é a ênfase em ambientes de aprendizagem colaborativos e sociais. As plataformas de colaboração em linha e as ferramentas de redes sociais permitem que os alunos se liguem a colegas, partilhem ideias e colaborem em projectos, independentemente das fronteiras geográficas. Estas comunidades digitais facilitam a partilha de conhecimentos, o feedback dos pares e a resolução colaborativa de problemas, promovendo um sentimento de pertença e de comunidade entre os alunos.

Além disso, a gamificação e as abordagens de aprendizagem baseadas em jogos estão a ganhar força como meios eficazes de envolver os alunos e promover a aprendizagem ativa. Ao incorporar a mecânica dos jogos, como a competição, as recompensas e os sistemas de progressão nas actividades educativas, os educadores podem aumentar a motivação, melhorar a retenção e cultivar competências essenciais como o pensamento crítico, a comunicação e o trabalho em equipa.

Implicações éticas e sociais: Ao perspectivarmos o futuro da tecnologia da educação, é imperativo considerar as implicações éticas e sociais das inovações tecnológicas. Questões como a privacidade dos dados, o enviesamento algorítmico e a equidade digital devem ser abordadas para garantir que a tecnologia é aproveitada de forma responsável e equitativa. Os educadores, os decisores políticos e os criadores de tecnologia devem colaborar para estabelecer directrizes éticas, quadros regulamentares e melhores práticas para a utilização responsável da IA e de outras tecnologias emergentes na educação.

Além disso, o fosso digital continua a ser um obstáculo significativo ao acesso equitativo às oportunidades educativas, em especial nas comunidades mal servidas e nas regiões em desenvolvimento. Para colmatar este fosso, são necessários esforços concertados para expandir o acesso à Internet de alta velocidade, fornecer dispositivos a preços acessíveis e promover a literacia digital e o desenvolvimento de competências entre estudantes, educadores e famílias.

Benefícios e desafios a longo prazo da integração da IA na educação

No panorama em rápida evolução da tecnologia da educação, a integração da Inteligência Artificial (IA) promete revolucionar os métodos tradicionais de ensino e aprendizagem. À medida que educadores, decisores políticos e tecnólogos continuam a explorar o potencial da IA na educação, torna-se crucial avaliar tanto os benefícios a longo prazo como os desafios associados à sua adoção generalizada.

Benefícios a longo prazo: Aprendizagem personalizada: Os algoritmos de IA têm a capacidade de analisar grandes quantidades de dados dos alunos e adaptar as experiências de aprendizagem para atender às necessidades individuais. Esta abordagem personalizada pode levar a um maior envolvimento dos alunos, melhores resultados de aprendizagem e uma compreensão mais profunda de conceitos complexos.

Eficiência de ensino melhorada: Ao automatizar as tarefas administrativas de rotina, como a classificação, a programação e o planeamento de aulas, a IA liberta o tempo dos educadores para se concentrarem em interacções mais significativas com os alunos. Isto pode levar a uma utilização mais eficiente dos recursos e a uma maior qualidade de ensino.

Tomada de decisões com base em dados: A IA permite aos educadores recolher e analisar dados sobre o desempenho dos alunos, permitindo uma tomada de decisões mais informada relativamente ao desenvolvimento do currículo, estratégias de ensino e programas de intervenção. Esta abordagem baseada em dados pode conduzir a uma melhoria contínua das práticas de ensino e aprendizagem.

Acessibilidade e inclusão: As ferramentas baseadas em IA podem ajudar a colmatar as lacunas dos alunos com diversas necessidades de aprendizagem, proporcionando experiências de aprendizagem personalizadas e funcionalidades de acessibilidade. Isso promove a inclusão na educação e garante que todos os alunos tenham oportunidades iguais de sucesso.

Aprendizagem ao longo da vida: A IA tem o potencial de apoiar iniciativas de aprendizagem ao longo da vida, fornecendo recomendações personalizadas para o desenvolvimento profissional, aquisição de competências e progressão na carreira. Isto promove uma cultura de aprendizagem contínua e adaptabilidade numa força de trabalho cada vez mais dinâmica.

Colaboração global: As plataformas baseadas em IA facilitam a colaboração global e a partilha de conhecimentos entre estudantes e educadores de diferentes localizações geográficas. Isto alarga o acesso a recursos educativos e promove a compreensão e a colaboração interculturais.

Desafios: Preocupações éticas: A utilização da IA na educação suscita preocupações éticas relacionadas com a privacidade dos dados, o enviesamento algorítmico e as implicações éticas da tomada de decisões automatizada. Salvaguardar a privacidade dos estudantes e garantir a equidade e a transparência dos algoritmos de IA são desafios cruciais que têm de ser resolvidos.

Fosso digital: A integração da IA na educação pode exacerbar as desigualdades existentes relacionadas com o acesso à tecnologia e às competências de literacia digital. Garantir o acesso equitativo a ferramentas baseadas em IA e colmatar o fosso digital é essencial para evitar o aumento das disparidades nos resultados educativos.

Perda da ligação humana: Embora a IA possa aumentar a eficiência e a escalabilidade na educação, existe o risco de diminuir a ligação humana entre educadores e alunos. Manter um equilíbrio entre a instrução orientada para a tecnologia e as interacções humanas significativas é crucial para promover um ambiente de aprendizagem favorável.

Formação de professores e desenvolvimento profissional: A integração da IA nos contextos educativos exige uma formação e um desenvolvimento profissional significativos para os educadores. Muitos professores podem não ter as competências e os conhecimentos necessários para utilizar eficazmente as ferramentas de IA nas suas práticas de ensino, o que realça a necessidade de iniciativas de apoio e formação contínuas.

Preconceito e exatidão algorítmica: Os algoritmos de IA podem perpetuar ou ampliar os preconceitos existentes nos sistemas educativos, conduzindo a resultados injustos ou reforçando estereótipos. Garantir a exatidão, a justiça e a responsabilidade dos algoritmos de IA em contextos educativos é um desafio complexo que exige um exame e uma supervisão cuidadosos.

Adaptabilidade e sustentabilidade: O ritmo acelerado dos avanços tecnológicos coloca desafios em termos de adaptabilidade e sustentabilidade das soluções baseadas em IA no sector da educação. As instituições de ensino devem atualizar continuamente as infra-estruturas, os currículos e as políticas para acompanhar a evolução das tecnologias e das práticas pedagógicas.

Perspetiva do futuro das salas de aula inteligentes

O advento da inteligência artificial (IA) provocou uma revolução na educação, abrindo caminho para salas de aula inteligentes que redefinem os paradigmas tradicionais de ensino e aprendizagem. Como nos encontramos no precipício de uma nova era na educação, é essencial imaginar o futuro das salas de aula inteligentes e traçar um roteiro para esta visão transformadora.

Integração perfeita das tecnologias de IA: O futuro das salas de aula inteligentes depende da integração perfeita das tecnologias de IA em todas as facetas da experiência educacional. Desde algoritmos de aprendizagem personalizados a ferramentas de avaliação baseadas em IA, os educadores devem adotar estas tecnologias para melhorar o envolvimento, a eficácia e os resultados dos alunos.

Ambientes de aprendizagem adaptáveis: As salas de aula inteligentes do futuro serão caracterizadas por ambientes de aprendizagem adaptáveis que atendem às necessidades e preferências exclusivas de cada aluno. Os algoritmos de IA analisarão grandes quantidades de dados para adaptar a instrução, o conteúdo e o ritmo em tempo real, garantindo que cada aluno receba uma experiência de aprendizagem personalizada.

Espaços de aprendizagem colaborativa: A colaboração estará no centro das salas de aula inteligentes, facilitada por plataformas orientadas para a IA que promovem a comunicação, a criatividade e as competências de pensamento crítico. As tecnologias de realidade virtual (RV) e de realidade aumentada (RA) permitirão experiências de colaboração imersivas, transcendendo as fronteiras físicas e promovendo ligações globais.

Educadores com inteligência artificial: Os educadores evoluirão para facilitadores com IA, tirando partido da tecnologia para aumentar as suas práticas de ensino e capacitar os alunos para se tornarem aprendizes autónomos. Os assistentes de IA fornecerão informações, feedback e recomendações em tempo real, permitindo que os educadores tomem decisões baseadas em dados e optimizem os resultados da aprendizagem.

Ecossistemas de aprendizagem ao longo da vida: O futuro das salas de aula inteligentes vai para além do ensino tradicional K-12, abrangendo ecossistemas de aprendizagem ao longo da vida que apoiam os indivíduos ao longo dos seus percursos pessoais e profissionais. As plataformas de aprendizagem alimentadas por IA oferecerão percursos de aprendizagem personalizados, microcredenciais e oportunidades de desenvolvimento contínuo de competências adaptadas às necessidades dos alunos em todas as fases da vida.

Práticas éticas e inclusivas: À medida que abraçamos o potencial da IA na educação, é imperativo defender os princípios éticos e promover a inclusão. As salas de aula inteligentes devem dar prioridade à equidade, diversidade e acessibilidade, garantindo que as tecnologias de IA não perpetuam preconceitos ou exacerbam as desigualdades existentes.

Privacidade e segurança dos dados: A proteção da privacidade e da segurança dos dados será fundamental no futuro das salas de aula inteligentes. Devem ser estabelecidas políticas e protocolos abrangentes para proteger as informações sensíveis dos alunos, atenuar as ameaças à cibersegurança e manter a confiança de todas as partes interessadas.

Dar poder aos educadores e dar poder aos alunos: O futuro das salas de aula inteligentes não passa por substituir os educadores por máquinas, mas sim por os capacitar com ferramentas e tecnologias que amplifiquem o seu impacto. Da mesma forma, os alunos devem ser capacitados como participantes activos nos seus próprios percursos de aprendizagem, equipados com as aptidões, competências e confiança para prosperar num mundo impulsionado pela IA.

Inovação e adaptação contínuas: O panorama da educação está em constante evolução, impulsionado pelos rápidos avanços da tecnologia e pela mudança das necessidades da sociedade. Por conseguinte, o futuro das salas de aula inteligentes exige uma cultura de inovação e adaptação contínuas, em que os educadores, os decisores políticos e os parceiros da indústria colaboram para co-criar soluções que respondam aos desafios e oportunidades emergentes.

Cidadania global e desenvolvimento sustentável: As salas de aula inteligentes do futuro cultivarão a cidadania global e promoverão objectivos de desenvolvimento sustentável, incutindo nos alunos um sentido de responsabilidade, empatia e gestão ambiental. As tecnologias de IA serão aproveitadas para enfrentar desafios globais prementes, desde as alterações climáticas à desigualdade social, capacitando os alunos para se tornarem agentes de mudança positiva nas suas comunidades e não só.

BIBLIOGRAFIA

1. Chen, L., Chen, P., & Lin, Z. (2020). Inteligência artificial na educação: Uma revisão. Ieee Access, 8, 75264-75278.

2. Roll, I., & Wylie, R. (2016). Evolução e revolução da inteligência artificial na educação. Revista Internacional de Inteligência Artificial na Educação, 26, 582-599.

3. Pedro, F., Subosa, M., Rivas, A., & Valverde, P. (2019). Inteligência artificial na educação: Desafios e oportunidades para o desenvolvimento sustentável.

4. Chen, X., Zou, D., Xie, H., Cheng, G., & Liu, C. (2022). Duas décadas de inteligência artificial na educação. Educational Technology & Society, 25(1), 28-47.

5. Ouyang, F., & Jiao, P. (2021). Inteligência artificial na educação: Os três paradigmas. Computadores e Educação: Inteligência Artificial, 2, 100020.

6. Devedžić, V. (2004). Inteligência Web e inteligência artificial na educação. Jornal de Tecnologia Educativa e Sociedade, 7(4), 29-39.

7. Gocen, A., & Aydemir, F. (2020). Inteligência artificial na educação e nas escolas. Investigação sobre Educação e Media, 12(1), 13-21.

8. Chen, X., Xie, H., Zou, D., & Hwang, G. J. (2020). Lacunas de aplicação e teoria durante a ascensão da inteligência artificial na educação. Computadores e Educação: Inteligência Artificial, 1, 100002.

9. Zhai, X., Chu, X., Chai, C. S., Jong, M. S. Y., Istenic, A., Spector, M., ... & Li, Y. (2021). Uma revisão da Inteligência

Artificial (IA) na educação de 2010 a 2020. Complexidade, 2021, 1-18.

10. Alam, A. (2021, novembro). Possibilidades e apreensões no panorama da inteligência artificial na educação. Em 2021 Conferência Internacional sobre Inteligência Computacional e Aplicações Computacionais (ICCICA) (pp. 1-8). IEEE.

11. Luan, H., Geczy, P., Lai, H., Gobert, J., Yang, S. J., Ogata, H., ... & Tsai, C. C. (2020). Desafios e direções futuras de big data e inteligência artificial na educação. Frontiers in psychology, 11, 580820.

12. Bates, T., Cobo, C., Mariño, O., & Wheeler, S. (2020). Poderá a inteligência artificial transformar o ensino superior? Revista Internacional de Tecnologia Educacional no Ensino Superior, 17, 1-12.

Printed by Books on Demand GmbH, Norderstedt / Germany